Varinder Singh
Ravikant Pareek
Ankur Kumar

Efeito da cinza de casca de arroz e das fibras plásticas na resistência do betão

Varinder Singh
Ravikant Pareek
Ankur Kumar

Efeito da cinza de casca de arroz e das fibras plásticas na resistência do betão

ScienciaScripts

Imprint

Any brand names and product names mentioned in this book are subject to trademark, brand or patent protection and are trademarks or registered trademarks of their respective holders. The use of brand names, product names, common names, trade names, product descriptions etc. even without a particular marking in this work is in no way to be construed to mean that such names may be regarded as unrestricted in respect of trademark and brand protection legislation and could thus be used by anyone.

Cover image: www.ingimage.com

This book is a translation from the original published under ISBN 978-620-2-02579-9.

Publisher:
Sciencia Scripts
is a trademark of
Dodo Books Indian Ocean Ltd. and OmniScriptum S.R.L publishing group

120 High Road, East Finchley, London, N2 9ED, United Kingdom
Str. Armeneasca 28/1, office 1, Chisinau MD-2012, Republic of Moldova, Europe
Printed at: see last page
ISBN: 978-620-7-79100-2

"Efeito da cinza de casca de arroz e das fibras plásticas na resistência do betão"

Por
Dr. Varinder Singh
RaviKant Pareek
Ankur Kumar

RESUMO

Esta tese relata o estudo da resistência à compressão e da resistência à tração por compressão de betão envolvendo cinza de casca de arroz (RHA) e fibra plástica em diferentes proporções. A classe de betão M-20 foi utilizada para o estudo experimental. O teor de RHA foi utilizado de 5% a 15%, com um intervalo de 5%, substituindo o cimento Portland normal (C.P.O.) e as fibras plásticas foram utilizadas de 1% a 3%, com um intervalo de 1%, substituindo o agregado grosso. As fibras de plástico foram obtidas cortando os sacos de polietileno em pequenos pedaços. A resistência à compressão e a resistência à tração por compressão do betão foram verificadas aos 7 dias e aos 28 dias do período de cura. Os resultados mostram que as amostras de betão com RHA e fibras de plástico apresentaram uma melhor resistência em comparação com as amostras de betão controlado.

Palavra-chave: Cinza de casca de arroz (RHA), fibra plástica, resistência à compressão, resistência à tração por compressão

ÍNDICE

RESUMO 2

CAPÍTULO 1 INTRODUÇÃO 4

CAPÍTULO 2 REVISÃO DA LITERATURA 14

CAPÍTULO 3 INVESTIGAÇÃO EXPERIMENTAL 27

CAPÍTULO 4 RESULTADOS E DISCUSSÃO 37

CAPÍTULO- 5 CONCLUSÃO 46

REFERÊNCIAS 47

CAPÍTULO-1
INTRODUÇÃO

1.1 GERAL

O betão é um material feito pelo homem que é utilizado em várias obras de construção, tais como a construção de casas, pontes, estradas e pavimentos. O betão é uma parte importante das infra-estruturas da sociedade. Está à nossa volta, dos escritórios às escolas, das estradas aos caminhos-de-ferro e das barragens às casas. É difícil apontar outro material de construção que seja tão versátil como o betão. O betão é necessário no interesse da sociedade moderna, com novas estradas, edifícios e outras construções. Os três ingredientes básicos do betão são o cimento, os agregados e a água. Simplesmente, o betão é uma mistura de pasta de cimento e agregados. O cimento é o material que une os ingredientes, a água dá viscosidade ao betão para ser moldado e reagir com os ingredientes e os agregados são o que acrescenta volume ao betão, mas não estão envolvidos no processo químico. O betão tem oportunidades ilimitadas para aplicações, conceção e técnicas de construção avançadas. É o material de eleição quando é necessária resistência, desempenho, durabilidade, impermeabilidade, resistência ao fogo e resistência à abrasão. A sua elevada resistência à compressão e capacidade de moldagem tornaram a sua utilização generalizada. Tem como principais desvantagens o facto de ser frágil e fraco em tensão. Ainda assim, o betão é uma opção melhor do que qualquer outro material disponível para obras de construção. Com o avanço da tecnologia e o aumento do campo de aplicações do betão e das argamassas, a resistência, a trabalhabilidade, a durabilidade e outras características do betão normal precisam de ser modificadas para o tornar mais adequado a determinadas situações. O betão com tecnologias avançadas, tais como o betão de cimento armado (C.C.R.) e o betão reforçado com fibras (C.R.F.), proporciona uma resistência e uma durabilidade acrescidas contra o deslizamento, a fissuração, a encurvadura e o tombamento. As propriedades do betão podem ser melhoradas através da utilização de resíduos industriais e domésticos, tais como cinzas volantes, cinzas de casca de arroz, escórias de alto-forno, cinzas de madeira, fibras de aço, fibras de vidro e resíduos de plástico. Estes resíduos podem ser encontrados como materiais naturais, subprodutos ou resíduos industriais. A descarga destes resíduos na superfície terrestre está a causar poluição ambiental. A cinza de casca de arroz (CCA) é um material residual, um subproduto obtido da queima de casca de arroz. Tem uma elevada reatividade e propriedades pozolónicas. Para conservar os recursos, a utilização de resíduos industriais e biogénicos como materiais de cimentação suplementares tornou-se uma parte importante da construção em betão. A industrialização resultou numa grande deposição de resíduos plásticos. Trata-se de um material não biodegradável que é prejudicial para o ambiente. Os resíduos plásticos podem ser utilizados como fibras no betão para melhorar as propriedades do betão. Foram efectuadas muitas investigações para utilizar subprodutos e resíduos industriais, tais como cinzas de casca de arroz e resíduos de plástico. **Khatri et al.(2014)** investigaram o impacto da mistura e da RHA na conceção de misturas de betão. Verificou-se que a mistura aumentou a resistência à compressão do betão em cerca de 30% aos 7 dias e 50% aos 28 dias, em comparação com o betão controlado. Também se utilizou cinza de casca de arroz (RHA) como substituto parcial do cimento na proporção de 5% e 15%. Observou-se que o betão com 15% de cinza de casca de arroz obteve mais resistência em relação a 5% de RHA em 13,38% aos 7 dias e 19,78% aos 28 dias, respetivamente. **Kulkarni et al.(2014)** estudaram o efeito da cinza de casca de arroz nas propriedades do betão. Neste estudo, o cimento foi substituído por RHA de 0 a 30%, com um intervalo de 10%. A resistência à compressão do betão foi testada aos 7 dias e aos 28 dias. Verificou-se que houve um aumento de cerca de 4% na resistência em comparação com o betão normal após a adição de 20% de RHA aos 7 dias e após a adição de 10% de RHA ao betão normal, houve um aumento de cerca de 16% na resistência em comparação com o betão normal.

1.2 HISTÓRIA DO BETÃO

Os romanos foram os primeiros a inventar o que hoje designamos por betão à base de cimento hidráulico. Construíram numerosas estruturas de betão, incluindo o Panteão em Roma, um dos melhores exemplos da arquitetura romana que sobrevive até hoje, com uma cúpula de 42 metros de diâmetro feita de betão vazado. O nome betão vem do latim "concretus", que significa crescer em conjunto (F.M. Lea 1956). Este é um bom nome para este material, uma vez que o processo de hidratação química, que ocorre principalmente ao longo de horas e dias, faz com que o material cresça em conjunto, passando de uma pasta líquida moldável para um sólido duro e rígido. No nosso mundo atual, o betão tornou-se um importante material de construção e, de facto, é difícil imaginar a vida moderna sem ele. Anualmente, são utilizadas cerca de cinco mil milhões de toneladas de betão em todo o mundo, o que corresponde a cerca de uma tonelada por pessoa por ano, com um volume de cerca de 400 litros por pessoa. O cimento mais utilizado no betão atual é o chamado cimento Portland. O processo de produção do cimento Portland foi inventado por Joseph Aspdin no início de 1800, em Inglaterra. O nome Portland pode ter sido originado por uma pedra de construção Portland que era muito popular em Inglaterra nessa altura (F.M. Lea 1956), e Aspdin pode ter querido que as pessoas comparassem favoravelmente o betão feito com o seu cimento com a pedra de construção popular. É importante lembrar que o cimento é o pó que reage com a água para formar a pasta de cimento, um material duro e sólido que forma a matriz para o compósito de betão.

1.3 TIPOS DE BETÃO

Os diferentes tipos de betão são os seguintes

I.   Betão normal

II.   Betão de alta resistência

III.   Betão de alto desempenho

IV.   Betão com ar entranhado

V.   Betão leve

VI.   Betão auto-adensável

VII.   Betão projetado

VIII.   Betão permeável

IX.   Betão compactado com rolos

X.   Betão reforçado com fibras

I.   Betão normal

O betão em que os ingredientes comuns são o agregado, a água e o cimento é conhecido como betão normal. O betão normal é também conhecido como betão de peso normal ou betão de resistência normal. O tempo de presa do betão normal varia entre 30 e 90 minutos, dependendo da humidade na atmosfera, da finura do cimento, etc. O desenvolvimento da resistência começa após 7 dias e os valores de resistência comuns são de 10 MPa a 40 MPa. Aos 28 dias, cerca de 75 a 80% da resistência total é atingida. Quase aos 90 dias, 95% da resistência é atingida. O seu slump varia de 1 a 4 polegadas. A densidade varia de 2240 kg/m^3 a 2400 kg/m^3. É forte em compressão e fraco em tensão. Não é durável contra condições severas, por exemplo, congelamento e descongelamento.

II.   Betão de alta resistência

A resistência à compressão da mistura de betão de alta resistência é normalmente superior a 40 MPa. O betão de alta resistência é preparado reduzindo a relação água/cimento (W/C) para 0,35 ou menos. Para evitar a formação de cristais livres de hidróxido de cálcio, é adicionada sílica ativa ao cimento, mas isso afeta a ligação entre o cimento e o agregado, reduzindo a resistência. Tem menor trabalhabilidade devido às baixas relações a/c e à utilização de sílica ativa, o que é particularmente provável que seja um problema em aplicações de betão de alta resistência, onde é provável que sejam utilizadas gaiolas densas de vergalhões. Para ultrapassar o problema da reduzida trabalhabilidade da mistura de betão de alta resistência, são normalmente adicionados super plastificantes às misturas de alta resistência. O agregado a utilizar no betão de alta resistência deve ser selecionado cuidadosamente, uma vez que os agregados mais fracos podem não ser suficientemente fortes para resistir às cargas impostas ao betão.

III.   Betão de alto desempenho

A resistência do betão de alto desempenho varia entre 60MPa e 120MPa. O rácio água-cimento pode ser reduzido para 0,25. Os super plastificantes ajudam a obter uma elevada trabalhabilidade, mas reduzem o rácio água-cimento para 0,25, que é a quantidade necessária para o processo de hidratação. A elevada durabilidade é atribuída à cinza volante e à sílica ativa que modificam a mineralogia do cimento; aumentam a compatibilidade dos ingredientes na massa de betão e reduzem a quantidade de CH. As cinzas volantes também aumentam a trabalhabilidade através do efeito de rolamento de esferas. Os aditivos são 20-25% de cinzas volantes de substituição parcial do cimento e os restantes 70% são cimento Portland normal. Não é durável contra o congelamento e o descongelamento, pelo que podem ser utilizados agentes arrastados pelo ar. Tem uma vida longa em ambientes severos.

IV.   Betão com ar entranhado

Uma das maiores realizações no domínio da tecnologia do betão é o desenvolvimento do betão com ar incorporado. É utilizado quando o betão não é seguro contra a ação do congelamento e descongelamento. É preparado através da adição de uma mistura de ar de arrastamento. Tem baixa resistência em comparação com o betão normal. A incorporação de ar no betão desempenha as seguintes funções

a.   Diminui a tensão superficial da água, criando assim bolhas.

b.   Os agentes de arrastamento de ar impedem a combinação de bolhas. O diâmetro destas bolhas varia entre 10 micrómetros e 1000 micrómetros e no ar aprisionado o diâmetro da bolha é superior a 1 mm.

V.   Betão leve

O betão que tem menor massa por unidade de volume do que o betão feito com ingredientes normais é designado por betão leve. Para o efeito, são utilizados agregados leves. A densidade do betão leve é de 240 kg/m^3 -1850 kg/m^3 . A resistência dos blocos de betão leve varia entre 7MPa e 40MPa. Por vezes, são também adicionadas misturas de ar que conferem resistência ao congelamento e ao descongelamento, bem como resistência. É utilizado quando não é aplicada carga extra, por exemplo, parede de parapeito, revestimento de estradas, etc., ou para reduzir a carga morta.

VI.   Betão auto-adensável

Este betão é utilizado onde não é necessária qualquer vibração, por exemplo, em estruturas subterrâneas, poços profundos ou no fundo de mares profundos. O betão é compactado devido ao seu próprio peso. É também conhecido como betão auto-consolidado ou betão fluido. Pode ser classificado como betão de alto desempenho, uma vez que os ingredientes são os mesmos, mas o betão auto-adensável tem uma elevada trabalhabilidade. O betão auto-adensável pode poupar até 50% em custos de mão de obra devido a um vazamento 80% mais rápido e a um menor desgaste das cofragens. A colocação do betão é mais fácil do que a de outros betões. O betão também não apresenta infiltrações de água ou segregação dos agregados.

VII.   Betão projetado

O betão projetado utiliza ar comprimido para lançar o betão numa estrutura. É transportado através de uma mangueira e projetado pneumaticamente através de um bocal de betão curto a alta velocidade sobre uma superfície. O betão é colocado e compactado ao mesmo tempo devido à força com que é projetado do bocal. Pode ser impactado em qualquer forma desejada. É frequentemente utilizado contra superfícies verticais de solo ou rocha, uma vez que elimina a necessidade de cofragem. Por vezes, é utilizado para suporte de rochas, especialmente na abertura de túneis. Também é utilizado em aplicações onde a infiltração é um problema para limitar a quantidade de água que entra num local de construção devido a um lençol freático elevado ou a outras fontes subterrâneas. Este tipo de betão é frequentemente utilizado como uma solução rápida para a meteorização de tipos de solos soltos em zonas de construção.

VIII.   Betão permeável

O betão permeável contém orifícios ou espaços vazios, para permitir que o ar ou a água se desloquem através do betão. Isto permite que a água escoe naturalmente através dele e pode remover a estrutura normal de drenagem de águas superficiais e permitir a recarga de águas subterrâneas, enquanto o betão convencional não o faz. O betão é formado pela remoção de parte ou da totalidade do agregado fino (finos), sendo o agregado graúdo restante ligado por uma quantidade relativamente pequena de cimento Portland. Quando endurecido, normalmente entre 15% e 25% dos volumes de betão são vazios, permitindo a drenagem da água. Requer pouca ou nenhuma manutenção. A manutenção do pavimento de betão permeável consiste principalmente na prevenção do movimento da estrutura vazia. Ao preparar o local antes da construção, a drenagem da paisagem circundante deve ser concebida de modo a evitar o fluxo de materiais para as superfícies do pavimento. Solo, pedras, folhas e outros detritos podem infiltrar-se nos vazios e impedir o fluxo de água, diminuindo a utilidade do pavimento de betão permeável.

IX.   Betão compactado com rolos

O betão compactado com rolo, por vezes designado por betão em rolo, é um betão rígido com baixo teor de cimento, colocado com recurso a técnicas emprestadas de trabalhos de terraplanagem e pavimentação. O betão é colocado na superfície a cobrir e é compactado no local utilizando grandes cilindros pesados, tipicamente utilizados em trabalhos de terraplanagem. A mistura de betão atinge uma densidade elevada e cura ao longo do tempo, formando um bloco monolítico forte. O betão compactado com rolos é normalmente utilizado para pavimentos de betão. As barragens de betão compactado com cilindros também podem ser construídas, uma vez que o baixo teor de cimento provoca menos calor durante a cura do que o típico para betões maciços colocados convencionalmente.

Betão X. reforçado com fibras

O betão reforçado com fibras (FRC) é um betão que contém material fibroso que aumenta a sua integridade estrutural. Contém fibras curtas e discretas, distribuídas uniformemente e orientadas de forma aleatória. As fibras incluem fibras de aço, fibras de vidro, fibras sintéticas e fibras naturais. Diferentes tipos de fibras levam a uma variação das propriedades do betão. As características do F.R.C. variam consoante o tipo de betão, os materiais das fibras, as geometrias, a distribuição, a orientação e as densidades. As fibras são normalmente utilizadas no betão para controlar a fissuração devida à retração plástica e à retração por secagem. Também reduzem a permeabilidade do betão, o que ajuda a reduzir o escoamento da água. Alguns tipos de fibras conferem ao betão uma maior resistência ao impacto, à abrasão e à estilhaçamento. Em geral, as fibras não aumentam a resistência à flexão do betão, pelo que a armadura de aço não pode ser substituída. Na verdade, algumas fibras reduzem a resistência do betão. O aumento da resistência à tração e da resistência ao impacto reduz o peso e a espessura dos componentes da estrutura e a adição de fibras também reduz os danos causados pelo transporte e manuseamento do betão.

1.4 PROPRIEDADES DO BETÃO

O betão de cimento possui as seguintes propriedades importantes:

I. Tem uma elevada resistência à compressão.

II. Tem a propriedade de resistência à corrosão, devido à qual o agente atmosférico não tem maior efeito sobre ele.

III. Endurece com o tempo, uma vez que o processo de endurecimento continua durante muito tempo depois de o betão ter atingido uma resistência suficiente. Devido a esta propriedade do betão, este ocupa um lugar distinto entre os materiais de construção.

IV. É mais económico do que o aço.

V. O betão liga-se rapidamente ao aço e, como o betão é fraco à tração, a armadura de aço é colocada no betão de cimento para absorver as tensões de tração. Este é designado por betão de cimento armado ou simplesmente por C.C.R.

VI. Sob as duas condições seguintes, tem tendência para encolher:

a. Existe uma retração inicial do betão de cimento que se deve principalmente à perda de água através das formas, à absorção pelas superfícies das formas, etc.

b. A retração do betão de cimento ocorre à medida que este endurece. Esta tendência do betão de cimento pode ser minimizada através de uma cura adequada do betão.

VII. Tem tendência para ser poroso. Este facto deve-se à presença de vazios que se formam durante e após a sua colocação.

VIII.   Forma uma superfície dura, devido à qual resiste à abrasão.

IX.   Convém recordar que, para além de outros materiais, o betão chega à obra apenas sob a forma de matérias-primas. A sua resistência e qualidade finais dependem inteiramente das condições locais e das pessoas que o manuseiam. No entanto, os materiais de que o betão é composto podem ser sujeitos a especificações rígidas.

1.5 APLICAÇÕES DO BETÃO

O betão é utilizado para vários fins. Alguns deles são os seguintes

I.   É utilizado para construir edifícios que são utilizados para escolas, escritórios, hospitais, fábricas, casas, etc.

II.   É utilizado para fins de transporte, como estradas e pavimentos.

III.   É utilizado para a construção de reservatórios de armazenamento, tais como barragens e reservatórios de água.

IV.   É utilizado para a construção de tanques que são utilizados para a recolha de resíduos em indústrias e casas, tais como fossas sépticas.

V.   É utilizado para a construção de tubos que são utilizados para fins de drenagem e irrigação.

VI.   É utilizado para a construção de pontes.

VII.   É utilizado para a construção subterrânea, como um túnel.

VIII.   É utilizado para a construção de postes que são utilizados para fins eléctricos.

IX.   Como pode ser moldado em qualquer forma desejável, é utilizado para fins arquitectónicos.

X.   É também utilizado para a solidificação de solos soltos.

1.6 VANTAGENS DO BETÃO

Algumas das vantagens do betão são apresentadas resumidamente a seguir:

I.   O betão é económico quando os ingredientes estão facilmente disponíveis.

II.   A longa vida útil do betão e os requisitos de manutenção relativamente baixos aumentam as suas vantagens económicas.

III.   Não é tão suscetível de apodrecer, corroer ou deteriorar-se como outros materiais de construção.

IV.   O betão tem a capacidade de ser moldado ou vazado em quase todas as formas desejadas.

V.   A construção dos moldes e a fundição podem ocorrer no local de trabalho, o que reduz os custos.

VI.   O betão é um material incombustível, o que o torna seguro contra incêndios e capaz de suportar temperaturas elevadas.

VII.   É resistente ao vento, à água, aos roedores e aos insectos. Por isso, o betão é frequentemente utilizado para abrigos contra tempestades.

1.7 DESVANTAGENS DO BETÃO

O betão tem também algumas desvantagens, para além das vantagens acima referidas.

I.   O betão tem uma resistência à tração relativamente baixa (em comparação com outros materiais de construção).

II.   Tem baixa ductilidade.

III.   A sua relação resistência/peso é baixa.

IV.   O betão é suscetível de fissurar.

1.8 DECLARAÇÃO DO PROBLEMA E JUSTIFICAÇÃO DO ESTUDO

"Efeito da cinza de casca de arroz (RHA) e das fibras plásticas na resistência do betão." A utilização de resíduos industriais e biogénicos no betão como material de cimentação suplementar é a principal questão para proteger o ambiente e a utilização adequada dos recursos. De dia para dia, a procura de betão está a aumentar. A elevada resistência do betão, a elevada durabilidade, a elevada resistência às intempéries, a melhoria da resistência à tração e a redução das fissuras estão a tornar-se os requisitos básicos. Devido à limitação dos recursos disponíveis, a elevada procura de betão não pode ser satisfeita. Hoje em dia, inspiradas na aplicação de técnicas antigas, as fibras são normalmente utilizadas para melhorar as propriedades do betão. A utilização de fibras no betão foi introduzida no início da década de 1990. Desde então, uma grande variedade de fibras tem sido experimentada e praticada em todo o mundo. A rápida urbanização e industrialização levou à deposição de grandes quantidades de resíduos. Estes resíduos incluem cinzas volantes, cinzas de casca de arroz, escórias de alto-forno, cinzas de madeira, resíduos de plástico, resíduos de aço e vidro, etc. Estes resíduos podem ser encontrados como materiais naturais, subprodutos ou resíduos industriais. A recolha, o transporte e a eliminação destes resíduos criam poluição ambiental. A produção de betão verde pode ajudar a proteger o ambiente e a satisfazer as elevadas exigências do betão. Foram realizadas muitas investigações sobre a produção de betão verde através da utilização de resíduos industriais e biogénicos. **Deotale et al.(2012)** estudaram o efeito da substituição parcial do cimento através da utilização de cinzas volantes, cinzas de casca de arroz e fibras de aço no betão. Verificou-se que a utilização destes resíduos ajudou o betão a atingir uma maior resistência. **O Dr. Shubha Khatri (2014)** verificou que a utilização de RHA no betão ajudou a melhorar as propriedades do betão. A utilização de RHA no betão revelou-se económica. **Nibudey et al.(2013)** investigaram a utilização de plástico no betão. Verificou-se que uma quantidade limitada de resíduos de plástico ajudou o betão a obter uma elevada resistência à compressão e à tração do betão. Os investigadores observaram que a utilização de resíduos industriais e domésticos é possível para melhorar as propriedades do betão. No presente trabalho, o investigador pretende estudar o efeito da cinza de casca de arroz (RHA) e das fibras de plástico na resistência do betão.

1.9 OBJECTIVOS DO ESTUDO

Os objectivos específicos do presente inquérito são os seguintes

I.   Realizar ensaios de compressão e tração em amostras de betão com RHA e fibras plásticas com elevada percentagem de RHA utilizadas como aglutinante no fabrico de betão reforçado com fibras, de modo a que o RHA produzido pelas indústrias possa ser utilizado ao máximo.

II.   A quantidade admissível de fibras plásticas no betão reforçado com fibras.

1.10   ARROZ HUSK ASH

A Índia é um importante país produtor de arroz. A moagem do arroz gera um subproduto conhecido como casca. A casca de arroz é o revestimento duro que protege os grãos de arroz. Durante a moagem do arroz em casca, cerca de 78% do peso é recebido como arroz, arroz quebrado e farelo. Os restantes 22% do peso do arroz são recebidos sob a forma de casca. Esta casca é utilizada como combustível nas fábricas de arroz para gerar vapor para o processo de parboilização. Esta casca contém cerca de 75% de matéria orgânica volátil e os restantes 25% são convertidos em cinzas durante o processo de cozedura, conhecidas como cinzas de casca de arroz (RHA). Esta RHA contém cerca de 85-90% de sílica amorfa. **(Nagrale et. al. 2012).** A RHA consiste em dióxido de silício não cristalino (SiO2) com elevada área de superfície específica e elevada reatividade pozolânica. Assim, por cada 1000 kg de arroz moído, são produzidos cerca de 220 kg (22%) de casca e, quando esta casca é queimada na caldeira, são gerados cerca de 55 kg (25%) de RHA. Cerca de 20 milhões de toneladas de RHA são produzidas anualmente. Este RHA é uma grande ameaça para o ambiente, causando danos ao solo e à área circundante em que é despejado. A RHA é um bom super-pozolano (Karim, 2012). (Existe uma procura crescente de sílica amorfa fina na produção de misturas especiais de cimento e betão, betão de alto desempenho, betão de alta resistência e baixa permeabilidade para utilização em pontes, ambiente marinho, centrais nucleares, etc. Para conservar os recursos, a utilização de resíduos industriais e agrícolas como material de cimentação suplementar tornou-se uma parte importante da construção em betão.

1.11   FIBRA PLÁSTICA

São utilizadas várias fibras para ultrapassar as desvantagens do betão. A utilização de fibras tem mostrado resultados laboratoriais satisfatórios para melhorar as propriedades do betão. São utilizados com êxito diferentes tipos de fibras, como a fibra de vidro, a fibra de aço e a fibra de plástico. O aumento da procura de betão levou à produção de betão verde devido à falta de recursos naturais. O betão verde é um betão fabricado a partir de resíduos domésticos e industriais. Uma das indústrias de crescimento mais rápido é a indústria do plástico. Todos os anos são utilizados mais de 500 mil milhões de plásticos. Como o plástico é um material não biodegradável, é muito prejudicial para o ambiente. Gerir e eliminar os resíduos de plástico é um desafio para nós. O plástico demora até 1000 anos a degradar-se. Estão em curso trabalhos de investigação para utilizar resíduos de plástico como fibra no betão, a fim de melhorar as suas características e proteger o ambiente da poluição.

1.12   POUPANÇA DE ENERGIA E BENEFÍCIOS PARA O AMBIENTE

A maioria dos países em desenvolvimento está a enfrentar o problema dos recursos inadequados. Nestes países, os materiais para as actividades de construção devem ser eficientes do ponto de vista energético. A poupança de energia pode ser conseguida através da produção de betão verde, que utiliza resíduos industriais e domésticos, tais como cinzas volantes, cinzas de casca de arroz, resíduos de plástico, etc. Os resíduos podem ser utilizados para produzir novos produtos ou podem ser utilizados como aditivos, de modo a que os recursos naturais sejam limitados e utilizados de forma mais eficiente e o ambiente seja protegido dos depósitos de resíduos. O betão verde é um material amigo do ambiente. A utilização de resíduos industriais e domésticos também melhorou as propriedades do betão. A utilização de cinzas de casca de arroz no betão contribui para a redução das emissões de gases com efeito de estufa com impactos negativos na economia. Verificou-se que são produzidas 0,9 toneladas de CO_2 por cada tonelada de cimento produzida. Além disso, a composição do cimento é de 10% em peso numa jarda cúbica de betão. Assim, através da utilização de betão ecológico, é possível reduzir as emissões de CO_2 para a atmosfera, através de uma técnica de construção ecológica. O betão verde é mais barato porque utiliza produtos residuais, poupando o consumo de energia na produção. (Chirag Garg 2014).

CAPÍTULO 2
REVISÃO DA LITERATURA

2.1   GERAL

O termo "revisão" significa organizar os conhecimentos de um domínio de investigação específico para desenvolver um edifício de conhecimentos que demonstre que este estudo constituiria um complemento para este domínio. A revisão da literatura é um aspeto incontestável de uma atividade científica. Implica a organização de uma síntese dos conhecimentos de um domínio de investigação específico, depois de se debruçar sobre as obras. A tarefa da literatura é altamente criativa e tendencial porque a investigação tem de sintetizar o conhecimento disponível do campo de uma forma única para fornecer a fundamentação do estudo. A literatura é útil para um trabalho de investigação eficaz. É a base sobre a qual será construído o trabalho futuro. Se não conseguirmos construir esta base de conhecimentos fornecida pela revisão da literatura, o nosso trabalho será provavelmente superficial e nativo, e revelar-se-á frequentemente uma duplicação. Isto já foi feito melhor por alguém no passado.

2.2   REVISÃO RELACIONADA

Segue-se uma análise exaustiva do trabalho realizado por vários investigadores no domínio da utilização de cinzas de casca de arroz (RHA) e resíduos de plástico no betão

Nithyambigai. G (2015) estudou o efeito da cinza de casca de arroz no betão como cimento e agregado fino. Neste estudo, a percentagem de substituição do cimento por RHA foi mantida constante a 10% e o agregado fino foi substituído por RHA a 0%, 5%, 10% e 15%. Verificou-se que a resistência máxima à compressão e a resistência à tração por compressão foram obtidas com 5% e 15% de substituição do agregado fino por RHA. Os resultados mostraram que houve uma diminuição gradual da resistência à compressão e um aumento gradual da resistência à tração por compressão à medida que a percentagem de substituição aumenta aos 7 e 28 dias.

Patil et al., (2015) observaram o comportamento do betão que é parcialmente substituído por resíduos de plástico. Os resíduos industriais de polipropileno (PP) e politereftalato de etileno (PET) foram estudados como alternativas de substituição de uma parte dos agregados convencionais do betão. Cinco níveis de substituição. 10%, 20%, 30%, 40% e 50% em volume de agregados foram utilizados para a preparação dos betões. Foram estudadas as propriedades do betão com fibras plásticas, como a trabalhabilidade, a densidade, a resistência à compressão e à tração. Verificou-se que o aumento da percentagem de fibra plástica diminuiu a trabalhabilidade, a densidade, a resistência à compressão e à tração do betão. Os resultados deste estudo sugerem que o PP e o PET podem ser utilizados como agregados de betão para determinadas aplicações estruturais.

Naveen et al., (2015) estudaram o efeito da casca de arroz na resistência à compressão do betão.

Foram utilizados os graus de betão M30 e M60 para a experiência, a fim de determinar o efeito da RHA na resistência à compressão durante 7 e 28 dias. O cimento foi parcialmente substituído por RHA de 0% a 20%, com um intervalo de 5%. A substituição do cimento por cinza de casca de arroz mostrou, no betão de grau M30, uma melhoria da resistência à compressão até à substituição de 10% em todas as idades. Ambas as misturas de betão com um nível de 10% de cinza de casca de arroz apresentaram um aumento de 3 a 10% na resistência à compressão. Os níveis de cinza de casca de arroz de 15 a 20% mostraram uma redução da resistência à compressão em todas as idades.

Bansal et al., (2015) investigaram o efeito na resistência à compressão com substituição parcial de cinzas volantes. Substituiu parcialmente o cimento por F.A. a níveis de 10%, 20% e 30%. Verificou-se que a adição de F.A. a 10% diminuiu a resistência à compressão em 20% e 50% em comparação com o betão controlado aos 7 e 28 dias, respetivamente. Enquanto a adição de F.A. a 30% aumentou a resistência à compressão do betão em 23% e 25% aos 7 e 28 dias.

Kad et al., (2015) apresentaram uma revisão da investigação sobre a influência da cinza de casca de arroz nas propriedades do betão. Este estudo resumiu as pesquisas em curso sobre o efeito nas propriedades do betão (resistência à compressão, resistência à flexão, tempo de presa inicial e final, trabalhabilidade e durabilidade) sobre a substituição parcial da cinza de casca de arroz por cimento em 0%, 10%, 20% e 30% do peso para tornar o betão amigo do ambiente e menos dispendioso. Concluiu-se que a substituição de 5-20% do cimento por cinza de casca de arroz ajuda o betão a ter uma trabalhabilidade, durabilidade, resistência à compressão, resistência à flexão e tempo de presa inicial e final desejáveis. O estudo mostra que ajuda a reduzir os gases com efeito de estufa, bem como o custo do betão.

Gupta et al., (2015) analisaram a utilização de cinzas de casca de arroz no betão: A Review. Concluiu que a substituição parcial do cimento por RHA reduz a trabalhabilidade da mistura de betão fresco. No entanto, a trabalhabilidade da mistura pode ser melhorada usando um bom superplastificante. A revisão da literatura mostra que a RHA tem potencial para ser utilizada como material cimentício suplementar na produção de betão, no entanto, podem ser realizadas mais investigações sobre a RHA ultrafina. A utilização de RHA ajudará a reduzir as emissões de CO_2 e também reduzirá o problema da eliminação destes resíduos agrícolas.

Khilesh Sarwe et al., (2014) estudaram a propriedade de resistência do betão utilizando resíduos de plástico e fibra de aço. Utilizou pedaços de resíduos de plástico e fibra de aço. Utilizou cubos com fibra de plástico de 0,2 a 1% com um intervalo de 0,2%. Também utilizou resíduos de plástico (de 0,2 a 1% em intervalos de 0,2%) com fibra de aço (de 0,1 a 0,5% em intervalos de 0,1%). Observou-se que a utilização combinada de resíduos de plástico e fibra de aço aumenta mais a resistência à compressão do que a utilização isolada de fibra de plástico no betão. A resistência à compressão mais elevada registou-se com 0,3% de resíduos de plástico e 0,3 de fibra de aço. Também se verificou que a resistência à compressão começou a diminuir para além de 0,6% de resíduos de plástico e 0,3% de fibra de aço.

Khatri et al., (2014) investigaram o impacto da mistura e da RHA na conceção da mistura de betão. Preparou 6 cubos de betão de grau M-20 com dimensões de 150mm x 150mm x150mm com super Plasticer Conplast 430: G-8, um aditivo redutor e retardador de água com uma densidade específica de 1,24 a 1,26. Verificou-se que a mistura aumentou a resistência à compressão do betão em cerca de 30% aos 7 dias e 50% aos 28 dias, em comparação com o betão de controlo. Também se utilizou cinza de casca de arroz (RHA) como substituição parcial do cimento na proporção de 5% e 15%. Preparou 6 cubos substituindo o cimento por cinza de casca de arroz a 5% e 6 cubos substituindo o cimento por cinza de casca de arroz a 15%. Observou-se que o betão com 5% de cinza de casca de arroz obteve 16,14 MPa aos 7 dias e 25,46 MPa aos 28 dias. O betão com 15% de cinza de casca de arroz obteve 18,3 N/mm^2 aos 7 dias e 30,5 N/mm^2 aos 28 dias, respetivamente, o que foi superior em cerca de 13,38% aos 7 dias e 19,78% aos 28 dias em relação ao betão com 5% de cinza de casca de arroz.

Kulkarni et al., (2014) observaram o efeito da cinza de casca de arroz nas propriedades do betão. Neste estudo, foi utilizado betão de grau M-30. O cimento foi substituído por RHA de 0 a 30%, com um intervalo de 10%. A resistência à compressão do betão foi testada aos 7 dias e aos 28 dias. Verificou-se que a adição de RHA a 10% aumentou a resistência em 2% em comparação com o betão normal aos 7 dias. Da mesma forma, a resistência aumentou cerca de 4% após a adição de 20% de RHA e cerca de 1% de ganho de resistência após a adição de 30% de RHA em comparação com o betão normal aos 7 dias. Aos 28 dias, observou-se que, após a adição de 10% de RHA ao betão normal, houve um aumento de cerca de 16% na resistência, em comparação com o betão normal. Quando se adicionou 20% de RHA, a resistência aumentou cerca de 8% e a resistência do betão foi semelhante à do betão normal, quando se adicionou 30% de RHA aos 28 dias. Observou-se que o nível ótimo de substituição de RHA era de 20% para o betão do tipo M-30. Também se verificou que o aumento do teor de RHA diminuía a trabalhabilidade do betão.

Jose et al., (2014) apresentaram a investigação experimental sobre as características do betão incorporado com resíduos de polietileno. O número de amostras foi preparado na mistura de betão M25 com a relação água/cimento necessária. A percentagem de fibra plástica foi considerada como 0,2, 0,6 e 1. Cada amostra foi curada durante 7 dias, 14 dias e 28 dias. Foram efectuados testes de resistência à compressão, tensão e flexão. Verificou-se que, até 1% de plástico, a resistência à compressão, à tração e à flexão aumentou em todas as idades. A adição de mais plástico leva à diminuição da resistência do betão.

Thanh Le et al., (2014) realizaram um estudo sobre o betão de grão fino de elevado desempenho contendo cinza de casca de arroz. Foi apresentado um estudo experimental do efeito da mistura de RHA na trabalhabilidade, resistência e durabilidade do betão de grão fino de alto desempenho (HPFGC). Os resultados mostram que a adição de RHA ao betão HPFGC melhorou significativamente a resistência à compressão, a resistência à tração por rutura e a resistência à penetração de cloretos. Observou-se que a RHA aumentou a resistência à compressão do HPFGC em comparação com a do betão de controlo, exceto no caso do betão com 20% de RHA aos 3 dias. A resistência à compressão de HPFGC misturado com 10 e 15 % de RHA foi semelhante à da amostra de 10 % de SF aos 3, 7 e 28 dias. Até 15 % de substituição de RHA, a resistência à tração por fracionamento do HPFGC com RHA foi superior à da amostra de controlo.

Kumar et al., (2014) realizaram uma investigação experimental sobre a resistência à flexão do betão reforçado com PET. Utilizou resíduos de garrafas PET não biodegradáveis como reforço para o betão. Neste estudo, foram testados quatro tipos de espécimes de vigas de betão com armadura de aço, sem armadura de aço, com armadura de PET e com armadura combinada de aço e PET para a resistência à flexão a 28 dias. Verificou-se que a resistência máxima à flexão foi de 23,96 MPa quando as vigas de betão foram reforçadas com aço e tiras longas de PET.

Sheth et al., (2014) determinaram as propriedades do betão com a substituição do agregado grosso e dos materiais cimentícios por esferovite e cinza de casca de arroz, respetivamente. O cimento e os agregados grossos foram parcialmente substituídos por RHA e esferovite, respetivamente. Substituiu-se o cimento por RHA de 10% a 30% num intervalo de 10% e os agregados grosseiros por esferovite de 20% a 30% num intervalo de 5%. Verificou-se que a capacidade de trabalho e a resistência à compressão diminuem à medida que as percentagens de RHA e esferovite aumentam. A trabalhabilidade e a resistência à compressão máximas foram atingidas com 10% de RHA e 20% de esferovite, com 19 e 26,55 MPa, respetivamente. Por conseguinte, o objetivo do estudo era atingir uma resistência de 25-30 MPa, utilizando assim um betão ambientalmente sustentável nos sectores de habitação de baixo custo em rápido desenvolvimento nos países em desenvolvimento.

Kumar et al., (2014) investigaram o efeito dos resíduos de polietileno na resistência à compressão do betão. Apresentou um estudo comparativo da resistência à compressão do betão fabricado com sacos de plástico como material fibroso e centra-se no efeito dos sacos de plástico de polietileno na trabalhabilidade e na resistência à compressão do betão M25. As proporções de resíduos de plástico adicionados ao betão são 0,5%, 0,75% e 1,0% em peso de cimento e a resistência à compressão é determinada aos 7, 28 e 56 dias de cura. Observa-se que a trabalhabilidade é reduzida com o aumento da dose de polietileno e que a resistência à compressão aumenta com a inclusão de resíduos de polietileno no betão em todos os bordos até 0,75%, começando depois a diminuir.

Kanthi et al., (2014) estudaram a resistência ao rolamento do betão de agregados reciclados reforçado com fibras de politereftalato de etileno (PET). Neste estudo, o agregado natural (NC) foi substituído por agregado reciclado (RA) na proporção de 0, 25, 50, 75 e 100%. As fibras PET foram adicionadas ao betão de agregado reciclado (RAC) em 1 e 2% do volume. No total, foram moldados e testados 90 cubos. Os resultados mostraram que, à medida que a percentagem de AR e a fração volumétrica de fibras PET aumentam, a resistência diminui.

Ramesh et al., (2014) apresentaram um estudo experimental sobre o comportamento do betão de cimento com cinza de casca de arroz (RHA). O cimento foi parcialmente substituído por RHA a 20%. Foram realizados ensaios de trabalhabilidade, resistência à compressão, resistência à tração por compressão e resistência à flexão do betão durante 7, 14, 21 e 28 dias. Observou-se que a adição de RHA diminuiu a trabalhabilidade do betão. Os resultados mostram que a adição de RHA leva a um aumento da resistência à compressão, da resistência à tração por compressão e da resistência à flexão do betão.

Obilade et al., (2014) investigaram a utilização de cinzas de casca de arroz como substituto parcial do cimento no betão. Estudou o fator de compactação do betão fresco e a resistência à compressão do betão endurecido durante 7, 14 e 28 dias. O cimento foi parcialmente substituído por RHA de 0% a 25%, com um intervalo de 5%. Os resultados revelaram que o fator de compactação diminuiu à medida que a percentagem de substituição de OPC por RHA aumentou. A resistência à compressão do betão endurecido também diminuiu com o aumento da substituição de OPC por RHA. A resistência máxima à compressão foi encontrada a 0% de RHA durante 7, 14 e 28 dias.

Rao et al., (2014) apresentaram um estudo sobre a utilização de cinza de casca de arroz no betão. Investigaram a resistência à compressão e à flexão do betão utilizando RHA durante 3, 7, 28 e 56 dias. Cinco níveis de substituição diferentes, nomeadamente 5%, 7,5%, 10%, 12,5% e 15%, foram escolhidos para o estudo. Verificou-se que a resistência à compressão diminuiu com o aumento da percentagem de RHA para todas as idades, enquanto a resistência à flexão aumentou até 7,5% de RHA para todas as idades. A adição adicional de RHA levou a uma diminuição da resistência à flexão do betão.

Nibudey et al., (2013) examinaram a previsão da resistência do betão reforçado com fibras plásticas. Lançou espécimes de cubo de concreto de tamanho 150mm x150mm x 150mm para calcular a resistência à compressão e espécimes de cilindro de concreto de tamanho 150mm x 300 mm para calcular a resistência à tração dividida do concreto. Neste estudo, foram adicionadas fibras de plástico de 0% a 3% em peso de cimento, num intervalo de 0,5%. Todos os espécimes foram curados durante 28 dias. No total, foram moldados 24 espécimes para cada ensaio (6 para o betão de controlo e 3 para o betão reforçado com fibras). Verificou-se que a resistência máxima à compressão e à tração por compressão e por compressão foi de 1% do teor de fibras. Depois disso, a resistência do betão começou a diminuir com o aumento da percentagem de fibras plásticas.

Dhyani et al., (2013) fizeram experiências sobre a resistência do betão utilizando fibras de aço onduladas com cinza de casca de arroz (RHA). Os espécimes foram fabricados com betão de grau M-25 e a relação água-cimento foi de 0,5. Para realizar a experiência, utilizou-se cinza de casca de arroz (de 0% a 25% como substituição parcial de cimento num intervalo de 5%) e fibras de aço onduladas (de 0,5% a 2% do volume de betão a 0,05%). Preparou espécimes para calcular a resistência à compressão, a resistência à tração por compressão e a resistência à tração por flexão aos 7 dias, 28 dias e 56 dias. Os espécimes eram cubos de 150 mm x 150 mm x 150 mm para a resistência à compressão, prismas de 100 x 100 x 700 mm para a resistência à flexão e cilindros de 150 mm x 300 mm para a resistência à tração por compressão. Em primeiro lugar, a RHA foi utilizada sozinha como substituição parcial do cimento até 25% e, em seguida, a percentagem de RHA foi fixada em 15% e foram adicionadas fibras de aço de 0,5 a 2% para cada ensaio. Observou-se que a resistência à compressão, a resistência à tração por compressão e a resistência à tração por flexão foram máximas com 15% de RHA. A resistência do betão também foi máxima com 15% de RHA e 2% de fibra de aço. Verificou-se também que o peso unitário do betão aumentou uniformemente com o aumento do teor de fibras e diminuiu com o aumento do teor de cinza de casca de arroz.

Juki et al., (2013) estudaram o desenvolvimento de um projeto nomográfico de mistura de betão contendo poli(tereftalato de etileno) (PET) como agregado fino. Foram preparados dois tipos de espécimes, cilíndricos e em forma de cubo, com dimensões de 100 mm x 200 mm e 100 mm x 100 mm x 100 mm, respetivamente. Foi investigada a densidade do betão, a resistência à compressão, a resistência à tração por compressão e o módulo de elasticidade. Os espécimes foram testados aos 7 dias, 14 dias e 28 dias com PET de 0% a 75%, com um intervalo de 25% como substituição parcial de agregados finos. A densidade média do betão com agregados de PET foi de 2259 kg/m^3 . A resistência máxima à compressão foi de 31,27 N/mm^2 e a mínima foi de 15,60 MPa para uma relação água-cimento de 0,45 e 0,65, respetivamente. Apenas a mistura de betão com uma taxa de substituição de 25% de agregado PET atingiu a resistência de projeto mínima de 25 MPa. A inclusão de agregados PET também reduziu a resistência à tração por compressão do betão. O PET também reduziu o módulo de elasticidade. O MOE variou entre 10,4 GPa e 27,1 GPa, 10 GPa e 18,8 GPa e 13,8 GPa e

25,9 GPa para as relações a/c de 0,45, 0,55 e 0,65, respetivamente.

Rajput et al., (2013) investigaram o efeito da cinza de casca de arroz utilizada como material de cimentação suplementar na resistência da argamassa. Substituiu parcialmente o cimento por RHA de 0% a 30% num intervalo de 5%. Neste estudo, a resistência à compressão foi testada aos 3, 7 e 28 dias. Verificou-se que apenas a 10% de RHA a argamassa atingiu a resistência à compressão desejada. A adição adicional de RHA levou a uma diminuição da resistência à compressão. Os resultados mostraram que a RHA pode ser utilizada como substituto parcial do cimento em argamassas de cimento.

Bhogayata et al., (2013) previram as propriedades de resistência do betão contendo resíduos plásticos metalizados pós-consumo. Neste estudo, os resíduos plásticos, conhecidos como polietileno metalizado, foram adicionados ao betão convencional sob a forma de macro-pellets para estudar as alterações nas propriedades básicas de resistência. Foi preparado um betão convencional com uma relação água/cimento de 0,45 e foram adicionados granulados de plástico a 0,5%, 1% e 1,5% do volume de betão. As amostras foram submetidas a ensaios de resistência à compressão, resistência à tração por compressão e tração superficial. Os resultados dos ensaios revelaram uma redução das propriedades de resistência até 60%. Foi possível observar que o plástico para além da proporção de 1,5% poderia tornar o betão não adequado para trabalhos de construção, exceto quando o betão magro pudesse ser utilizado.

Muthadhi et al., (2013) apresentaram uma investigação experimental das características de desempenho do betão misturado com cinza de casca de arroz. Foram utilizadas quatro misturas de betão para identificar o efeito da RHA nas características de desempenho do betão em condições controladas. A RHA foi adicionada como substituição parcial do cimento Portland comum de 10 a 30%. Investigou-se a resistência à compressão, a permeabilidade aos cloretos e a durabilidade do betão com mistura de RHA. Os resultados mostram que a adição de RHA até 20% em substituição parcial do OPC leva a um aumento da resistência à compressão em comparação com a mistura controlada. A durabilidade também aumentou à medida que a percentagem de RHA foi aumentada.

Yuzer et al., (2013) verificaram a influência da adição de casca de arroz crua na estrutura e nas propriedades do betão. Neste estudo, foram produzidos quatro espécimes de betão com diferentes teores de RH com uma relação água/cimento constante. A resistência à compressão, a densidade, a condutividade térmica e o fator de resistência à difusão do vapor de água foram investigados experimentalmente. Os resultados mostram que o aumento da percentagem de HR conduz a uma diminuição da densidade e a um aumento da porosidade. Observou-se que o aumento da quantidade de HR causou uma diminuição da resistência à compressão, que foi de 4%, 16% e 25% da resistência original para as séries II, III e IV, respetivamente. O fator de resistência à difusão do vapor de água diminuiu com o aumento da quantidade de HR. O fator médio de resistência à difusão do vapor de água dos espécimes de controlo foi de 41 e diminuiu para 32, 21 e 18 com uma adição de 1,5%, 3,0% e 5,0% de HR, respetivamente.

Abalaka et al., (2013) estudaram o desenvolvimento da resistência e as propriedades de durabilidade do betão contendo cinza de casca de arroz pré-embebida. Investigaram o betão com um rácio água-cimento (a/c) de 0,30 e 0,35 contendo cinza de casca de arroz (RHA) com uma superfície específica baixa, pré-embebida com igual peso de água, que foi curada em água e ar ambiente (não curada). O cimento foi parcialmente substituído por RHA de 0% a 20%. Com uma relação a/c de 0,30, a substituição do OPC por 20% de RHA resultou numa maior resistência à compressão em comparação com o controlo, tanto para cubos curados com água como para cubos não curados. Foram registadas melhorias nas propriedades de durabilidade do betão resultantes da utilização de RHA pré-embebida.

Bhogayata et al., (2012) examinaram a viabilidade da utilização de resíduos de polietileno metalizado como constituinte do betão. Neste estudo, foi utilizado o betão de grau M-10. Foram adicionados resíduos de plástico de 0% a 1,5%, juntamente com cinzas volantes de 0% a 30% do volume. Os cubos foram curados durante 60 dias em três meios diferentes: água normal, solução ácida e solução de sulfato. O betão controlado com cura normal apresentou uma resistência à compressão máxima de 26,65 MPa e mínima de 9,24 MPa. O valor máximo da resistência à compressão da amostra curada em ácido foi de 25,42 MPa e o valor mínimo de resistência à compressão foi de 8,53 MPa, contendo 1,5% e 20% de cinzas volantes. A resistência máxima à compressão foi de 34,31 MPa com 0% de plástico e 10% de cinza volante adicionada quando curada em solução de sulfato. O valor mínimo foi de 10,67 MPa com 1,5% de plástico e 30% de cinza volante. Verificou-se que a adição de fibras afectou a resistência à compressão como redução, mas não menos do que a amostra controlada.

Karim et al. (2012) experimentaram a resistência da argamassa e do betão influenciada pela cinza de casca de arroz (RHA). Neste estudo, o cimento Portland normal (O.P.C.) foi substituído por RHA até 35% num intervalo de 5%. Observou-se que a resistência à compressão, a resistência à flexão e a resistência à tração por compressão aumentam com a substituição do C.P.O. até 30% por RHA. Depois disso, a resistência do betão é reduzida.

Bhogayata et al., (2012) apresentaram o desempenho do betão utilizando resíduos de plástico não recicláveis como constituintes do betão. Realizaram um estudo comparativo da resistência à compressão do betão fabricado através da mistura de sacos de plástico como constituinte do betão. Este estudo centra-se na utilização de sacos de plástico de polietileno com uma espessura de 20 mícrones no betão M25. O plástico foi adicionado de 0% a 1,2% em volume. Os resultados mostram que, para além de 0,6% do volume de betão, as fibras feitas a partir de sacos de plástico com espessura inferior a 20 mícrones reduziram a resistência e o fator de compactação quase até 30% e, a 1,2%, a resistência reduziu-se até 50% em comparação com o betão de controlo. O betão preparado com a adição de fibras de polietileno de espessura inferior a 20 mícrones pode ser utilizado adequadamente em obras não estruturais, em que a resistência do betão não é uma preocupação primordial.

Nagrale et al., (2012) estudaram a utilização de cinzas de casca de arroz. A proporção da mistura utilizada foi M-20. Estudou as diferentes propriedades do betão, ou seja, a resistência à compressão do betão, a absorção de água e a trabalhabilidade. Também calculou a análise de custos do betão controlado e do betão com RHA. Neste estudo, a RHA foi considerada como 0% e 15% em três rácios água-cimento diferentes: 0,45, 0,55 e 0,60. Os cubos foram ensaiados aos 7 dias, 14 dias, 21 dias e 28 dias. Verificou-se que o betão controlado com uma relação a/c de 0,45 aos 28 dias tem uma resistência máxima à compressão. Mas o betão RHA tem menos resistência à compressão do que o betão controlado. O betão RHA teve uma menor absorção de água em comparação com o betão controlado. O valor do abatimento do betão RHA foi de 0. Mas com a adição de RHA, a densidade do peso do betão foi reduzida em 72-75%. Assim, o betão RHA pode ser utilizado eficazmente como betão leve. Verificou-se também que o custo de 1 m^3 de betão de cimento Portland normal era de 1157 rs, enquanto o betão RHA era de 959 rs. Assim, a adição de RHA ao betão ajuda a fazer um betão económico.

Ramadevi et al., (2012) experimentaram as propriedades do betão com fibras de plástico PET (garrafa) como agregados finos. Foi utilizado um projeto de mistura para o betão de grau M-25. A percentagem de fibras de garrafas de plástico foi fixada em 0, 0,5, 1, 2, 4 e 6%, substituindo os agregados finos. A resistência à compressão foi calculada aos 7 dias e aos 28 dias. Observou-se que a resistência máxima à compressão era de 40 MPa aos 28 dias quando a percentagem de fibras de plástico era de 2%. A adição adicional de fibras plásticas levou a uma redução da resistência à compressão. Depois, a resistência à flexão e a resistência à tração do betão foram testadas aos 28 dias, substituindo os agregados finos por fibras plásticas na mesma percentagem que anteriormente. Os resultados mostraram que a resistência máxima à flexão e à tração por compressão do betão foi observada com 2% de fibras plásticas. Assim, concluiu-se que a substituição de agregados finos até 2% por fibras plásticas ajudou a aumentar a resistência do betão.

Deotale et al., (2012) estudaram o efeito da substituição parcial do cimento por cinzas volantes, cinzas de casca de arroz (RHA) com a utilização de fibras de aço no betão. Neste estudo, iniciou-se a proporção de 30% de cinzas volantes (F.A.) e 0% de cinzas de casca de arroz (RHA) misturadas no betão por substituição do cimento. A última proporção foi de 15% de F.A. e 15% de RHA com um aumento gradual de RHA de 2,5% e simultaneamente uma diminuição gradual de F.A. de 2,5% e para melhorar a resistência do betão foram adicionadas fibras de aço de 0% a 1%. Verificou-se que a resistência à compressão do betão aumenta com o aumento da percentagem de F.A. e RHA até (22,5% F.A. e 7,5% RHA), substituindo o cimento no betão. Também se observou que a trabalhabilidade do betão com RHA é inferior à do betão com F.A. As fibras de aço também melhoraram a resistência à compressão do betão.

Reddy et al., (2012) investigaram sacos de plástico reciclados pós-consumo densificados por fusão utilizados como agregado leve em betão. Os agregados densificados por fusão (MDA) foram preparados a partir de sacos de plástico reciclados pós-consumo por fusão num forno de mufla de laboratório a 160 graus Celsius. Foram preparados provetes de referência utilizando agregados convencionais e quatro provetes de mistura (M1-M4) feitos com substituição parcial por agregado MDA. Os agregados grossos foram parcialmente substituídos por MDA de 5% a 20%, com um intervalo de 5%. As experiências foram realizadas numa mistura M40 com a relação a/c selecionada: 0,32 e foi realizado um ensaio de resistência à compressão. Os resultados mostram que a resistência à compressão vai diminuindo com o aumento da percentagem de MDA.

Kartini. K (2011) examinou a cinza de casca de arroz - material pozolânico para a sustentabilidade. Verificou-se que a substituição óptima de OPC por RHA, tomada a 28 dias de resistência para o grau 30 e o grau 40, era de 30%, enquanto para o grau 50 era de 20%. A substituição de OPC por RHA reduziu a permeabilidade à água do betão. Assim, sugeriu-se que a presença de RHA na mistura e com betão de grau superior, o coeficiente de permeabilidade reduz, melhorando assim a durabilidade do betão. Do estudo efectuado, ficou claramente demonstrado que a RHA é um material pozolânico que tem potencial para ser utilizado como material de substituição parcial do cimento e pode contribuir para a sustentabilidade do material de construção.

Kandasamy et al., (2011) estudaram o betão reforçado com fibras utilizando resíduos plásticos domésticos como fibras. Neste estudo, os resíduos plásticos foram adicionados a 0,5% em peso de cimento na mistura M20. A resistência à compressão foi testada aos 7 dias e aos 28 dias, enquanto a resistência à compressão cilíndrica e a resistência à tração por compressão foram testadas aos 28 dias. A fibra plástica ajudou a atingir uma resistência 0,68% e 5,12% superior à do betão de controlo aos 7 e 28 dias, respetivamente. A resistência à compressão do cilindro aumentou até 3,84%, enquanto a resistência à tração por compressão aumentou até 1,63%, em comparação com o betão normal. Verificou-se que o polietileno ajudou a aumentar a resistência à compressão cúbica e cilíndrica e a resistência à tração por compressão do betão.

Lung et al., (2011) verificaram o efeito da cinza de casca de arroz nas características de resistência e durabilidade do betão. As propriedades do betão foram investigadas, incluindo a resistência à compressão, a resistividade eléctrica do betão e a velocidade do impulso ultrassónico. Os resultados mostram que a RHA pode ser aplicada como um material pozolânico. A diminuição do tamanho médio das partículas de RHA tem um efeito positivo na resistência à compressão da argamassa. Os resultados também indicam que até 20% da RHA moída pode ser vantajosamente misturada com cimento sem afetar negativamente as propriedades de resistência e durabilidade do betão.

Shukla et al., (2011) apresentaram o estudo das propriedades do betão através da substituição parcial do cimento portland normal por cinza de casca de arroz. O principal objetivo deste trabalho é determinar a percentagem óptima (0, 5, 10, 15 e 20%) de RHA como substituição parcial do cimento para os graus M30 e M60 do betão e também o efeito do superplastificante nas propriedades mecânicas. O cimento foi substituído por RHA de 0% a 20% com um intervalo de 5%. Foram investigadas as propriedades físicas do betão, tais como a trabalhabilidade, a resistência à compressão, a resistência à tração e a resistência à flexão. Verificou-se que a trabalhabilidade do betão com RHA diminui com o aumento da substituição de RHA. A resistência à compressão, a resistência à flexão e a resistência à tração por compressão do cimento por cinza de casca de arroz mostraram uma melhoria da resistência à compressão do betão de grau M30 até à substituição de 10% em todas as idades. Ambas as misturas de betão com um nível de 10% de cinza de casca de arroz apresentaram um aumento de 3 a 10% na resistência à compressão. Os níveis de cinza de casca de arroz de 15 a 20% mostraram uma redução da resistência à compressão em todas as idades.

Oliveira et al., (2010) estudaram o comportamento físico e mecânico da argamassa reforçada com fibras de PET reciclado. Este estudo investigou a utilização de fibras de garrafas de politereftalato de etileno (PET) recicladas como argamassa reforçada com fibras de reboco. As fibras foram obtidas por corte mecânico simples a partir de garrafas. A investigação foi efectuada em amostras de argamassa de cimento-cal. Foram introduzidos diferentes volumes de fibras, ou seja, 0%, 0,5%, 1,0% e 1,5%, nas misturas de argamassa seca. Especificamente, foram medidas as propriedades mecânicas como a resistência à flexão, a resistência à compressão e a tenacidade da argamassa. Os resultados indicam que a incorporação de fibras PET melhora significativamente a resistência à flexão das argamassas, com uma melhoria significativa da resistência da argamassa. O volume máximo de fibras PET para uma trabalhabilidade desejada foi de 1,5%.

Habeeb et al., (2010) efectuaram experiências sobre as propriedades da cinza de casca de arroz e a sua utilização como material de substituição do cimento. Investiga as propriedades da cinza de casca de arroz (RHA) produzida através da utilização de um forno de ferro-cimento. O efeito do tamanho médio das partículas e da percentagem de RHA na trabalhabilidade do betão, na densidade fresca, no teor de superplastificante (SP) e na resistência à compressão também foi investigado. Os resultados mostram que a RHA utilizada neste estudo é eficiente como material pozolânico; é rica em sílica amorfa (88,32%). A incorporação de RHA no betão aumentou a necessidade de água. O betão com RHA proporcionou uma excelente melhoria na resistência para 10% de substituição (30,8% de aumento em comparação com a mistura de controlo), e até 20% do cimento pode ser substituído por RHA sem afetar negativamente a resistência.

Dabai et al., (2009) investigaram o efeito da cinza de casca de arroz como mistura de cimento. A classe de betão M-20 foi utilizada para a experiência. O cimento foi substituído por RHA em cinco níveis (0, 10, 20, 30, 40 e 50%). Os espécimes foram curados a 1 dia, 3 dias, 7 dias, 14 dias e 28 dias. A resistência máxima à compressão do betão para 1 dia, 3 dias, 7 dias, 14 dias e 28 dias foi de 0% de RHA no betão e a resistência mínima à compressão do betão para 1 dia, 3 dias, 7 dias, 14 dias e 28 dias foi de 50% de RHA no betão. Os resultados indicam que a RHA pode ser utilizada como substituto do cimento a 10% e 20% de substituição aos 14 dias e 28 dias de idade de cura.

Patil et al. experimentaram técnicas inovadoras de utilização de resíduos de plástico na mistura de betão. Os resíduos industriais de polipropileno (PP) e de politereftalato de etileno (PET) foram estudados como substitutos alternativos de uma parte dos agregados convencionais do betão. Foram utilizados cinco níveis de substituição: 10 %, 20 %, 30 %, 40 % e 50 % em volume de agregados para a preparação dos betões. Observou-se que a resistência à compressão diminui com o aumento das fibras plásticas. Enquanto que a resistência à flexão aumentou a 10% de fibras plásticas. A adição adicional leva à diminuição da resistência à flexão.

Domke et al. investigaram as várias características do betão com cinza de casca de arroz (CCA) como substituição parcial do cimento ao longo de fibras naturais (COIR). Foi utilizado o betão do tipo M-20. Em primeiro lugar, o cimento foi substituído por RHA de 0 a 20% num intervalo de 2,5% para calcular a resistência à compressão, a resistência à flexão e a resistência à tração por compressão. Verificou-se que, inicialmente, a resistência à compressão do betão RHA não correspondia à resistência do betão de controlo aos 7 e 14 dias, mas estava quase igualada aos 28 dias e melhorou aos 90 dias. A resistência à flexão do betão RHA foi elevada a 5% RHA e 17,5% RHA, sendo de 10,4 MPa nestas percentagens. Enquanto a resistência à flexão do betão de controlo foi de 9 MPa aos 28 dias. No segundo caso, foi utilizada a combinação de RHA e fibra de coco. A percentagem de RHA varia entre 12,5% e 20%, com um intervalo de 2,5%, e a de fibra de coco entre 1% e 4%, com um intervalo de 1%. A resistência máxima à compressão foi encontrada com 17,5% de RHA e 4% de fibra de coco, que foi de 24,5% MPa aos 7 dias, 24,8 MPa aos 14 dias, 36,5 MPa aos 28 dias e 36,5

MPa aos 90 dias, respetivamente. A resistência máxima à flexão foi observada em 10,9 MPa com 17,5% de RHA e 2% de fibra de coco. A resistência máxima à tração foi de 7,8 MPa com 15% de RHA e 3% de fibra de coco. Para além desta percentagem, a resistência à tração por compressão começou a diminuir. No terceiro caso, foi utilizada apenas fibra de coco de 1 a 4%, com um intervalo de 1%. Verificou-se que a utilização exclusiva de fibra de coco apresentou melhores resultados do que as outras proporções. A resistência máxima à compressão foi de 41,1 MPa aos 7 dias, 45,5 MPa aos 14 dias, 46,6 MPa aos 28 dias e 49,9 MPa aos 90 dias com 3% de fibra de coco. A resistência máxima à flexão foi de 14 N/mm^2 aos 28 dias com 2% de fibra de coco. A utilização isolada de fibra de coco mostrou um bom resultado para a resistência à tração por fracionamento, mas a resistência máxima à tração por fracionamento foi observada com 15% de RHA e 3% de fibra de coco combinados.

Raghatate et al. estudaram a utilização de plástico no betão para melhorar as suas propriedades. Adicionou fibras de plástico de 0% a 1%, com um intervalo de 0,2%. Os espécimes foram curados e testados aos 3 dias, 7 dias e 28 dias quanto à resistência à compressão e à tração por compressão do betão. A resistência à compressão do betão foi afetada pela adição de peças de plástico e diminuiu à medida que a percentagem de fibras de plástico aumentou. Observou-se que a redução da resistência à compressão foi de cerca de 20% com a adição de 1% de fibra de plástico aos 28 dias, em comparação com o betão normal. As observações da resistência à tração mostraram a melhoria da resistência à tração do betão. A resistência à tração foi máxima com 0,8% de plástico. Foi de cerca de 5,57 MPa. Concluiu-se que a resistência à compressão do betão diminui com o aumento da percentagem de fibras plásticas, mas a resistência à tração do betão aumenta com o aumento da percentagem de fibras plásticas.

CAPÍTULO-3
INVESTIGAÇÃO EXPERIMENTAL

3.1   GERAL

O presente trabalho consiste na combinação de cinza de casca de arroz (CCA) e fibras plásticas em betão de grau M-20. Muitos investigadores têm realizado trabalhos sobre betão com cinza de casca de arroz ou betão reforçado com fibras plásticas. É realizada uma investigação experimental para obter os valores óptimos de cinza de casca de arroz (RHA) e de teor de fibras plásticas a propor para o betão reforçado com fibras. Foram realizados ensaios básicos, como as propriedades dos materiais, a trabalhabilidade do betão, o ensaio de resistência à compressão e o ensaio de resistência à tração por compressão.

3.2   BACTAÇÃO E MISTURA

A dosagem é o processo de medir os ingredientes do betão (cimento, agregados, água, cinza de casca de arroz e fibra), quer em volume quer em massa, e depois misturá-los. A proporção da quantidade de cimento, agregado, água, cinza de casca de arroz e fibra plástica foi feita por peso, de acordo com a proporção da mistura mencionada na Tabela 1. A mistura dos ingredientes do betão foi feita à mão. Os testes de trabalhabilidade foram realizados imediatamente após a mistura do betão.

Figura 1: Mistura manual de betão

Quadro 1: Proporções de mistura para betão controlado e betão com fibras

S. No.	Mistura	Cimento (kg)	Agregados finos (Kgs)	Grosso Agregados (Kgs)	Água em Litros (a W/C=0-45)	RHA em Kgs (por substituição de cimento)	Fibra Plástica em Kgs (Substituindo Agregados Grossos)
1	Controlo Mistura	403.2	604.8	1209.6	181.44	0	0
2	RHA a 5% e Plastic Fibra a 1%	383.04	604.8	1197.5	173.37	20.16	12.1
3	RHA em 10 % e Plástico Fibra em 2%	362.88	604.8	1184.68	163.30	40.32	24.92
4	RHA em 15 % e Plas tic Fibra a 3%	342.72	604.8	1173.31	154.22	60.48	36.29

Depois de misturar os ingredientes do betão nas proporções necessárias, foram moldados cubos de betão de cimento de 150 mm x 150 mm x 150 mm e cilindros de betão de 150 mm x 300 mm com diferentes proporções para determinar a resistência à compressão e a resistência à tração por compressão. Os espécimes foram testados após um período de cura de 7 dias e 28 dias. A Tabela: 2 apresenta os pormenores dos espécimes.

Tabela 2: Detalhes dos espécimes.

S. Não.	Teste Conduzido	Espécime	RHA Adicionado (%)	Plástico Fibra Adicionado (%)	N.º de Espécimes Durante 7 dias	Durante 28 dias
			0	0	2	2
1	Compressão Teste de resistência	Cubo	5	1	2	2
			10	2	2	2
			15	3	2	2
2	Ensaio de resistência à tração por divisão	Cilindro	0	0	2	2
			5	1	2	2
			10	2	2	2
			15	3	2	2

3.3 Propriedades do material

Antes de fundir os espécimes de cubo e cilindro, foram testadas as seguintes propriedades do material. O cimento Portland normal (OPC) de grau 43 foi utilizado para a presente investigação. Foram testadas as propriedades físicas, tais como a finura, o tempo de presa inicial, o tempo de presa final, a consistência normal e a solidez. O cimento Portland Ordinário (OPC)- 43 satisfaz os requisitos da IS: 4031-1988. A consistência normal do cimento foi encontrada em 27% e a gravidade específica foi observada em 2,44. Os vários resultados dos testes efectuados no cimento são apresentados na Tabela 3.

Tabela 3: Propriedades físicas do cimento (OPC-43)

S. Não.	Características	Valores de teste	De acordo com o código IS 4031:1988
1	Consistência normal (%)	27	26-33
2	Tempo de regulação (minutos) Inicial Final	48 205	>30 <600
3	Solidez (mm)	2.00	< 10
4	Finura (%)	2.9	< 10
5	Gravidade específica	2.44	-

Neste estudo, foram utilizados como agregado fino os materiais naturais disponíveis localmente e no mercado. O agregado fino foi ensaiado de acordo com a especificação da norma indiana IS: 383-1970. As várias propriedades físicas do agregado fino, tais como a gravidade específica, o módulo de finura e a absorção de água, foram testadas. Foi efectuada uma análise granulométrica. 1kgofs de areia foi utilizado para efetuar a análise granulométrica. A areia foi peneirada através do peneiro IS 4,75 mm e retida no peneiro IS 150µ. Os resultados dos vários ensaios efectuados ao agregado fino são apresentados no Quadro 4 e no Quadro 5.

Tabela 4: Propriedades físicas dos agregados finos

S. Não.	Características	Valores de teste	De acordo com o código IS 383:1970
1	Absorção de água (%)	0.83	< 1.00
2	Gravidade específica	2.54	2.40-2.60
3	Módulo de finura	3.25	2.20-3.20

Quadro 5: Análise granulométrica dos agregados finos

S. No	Peneira IS (mm)	Peso Retido	Peso Retido	Peso acumulado retido	Passagem Percentage
-		(gms)	(%)	(%)	ge
1	20	0	0	0	100
2	12.5	0	0	0	100
3	10	0	0	0	100
4	4.75	50	5	5	95
5	2.36	135	13.5	18.5	81.5
6	1.18	220	22	40.5	59.5
7	600µ	270	27	67.5	32.5
8	300µ	255	25.5	93	7
9	150µ	70	7	100	0

Neste estudo, foi utilizado o agregado grosso disponível localmente no mercado. O agregado grosso foi ensaiado de acordo com a especificação da norma indiana IS: 383-1970. Foram testadas as várias propriedades físicas do agregado grosso, tais como a gravidade específica, o módulo de finura e a absorção de água. A gravidade específica do agregado grosso foi observada como 2,75. Foi também efectuada uma análise granulométrica. Foram levados 5 kg de agregado grosso para fazer a análise por peneiração. O agregado grosso foi peneirado através do peneiro IS de 20 mm e retido no peneiro IS de 4,75 mm. Os resultados dos vários ensaios efectuados no agregado grosso são apresentados nas tabelas 6 e 7.

Tabela 6: Propriedades físicas dos agregados grossos

S. Não.	Características	Valores de teste	De acordo com o código IS 383:1970
1	Absorção de água (%)	0.55	< 1.00
2	Gravidade específica	2.75	2.65-2.90
3	Módulo de finura	6.21	6.5-8.00

Quadro 7: Análise granulométrica dos agregados grossos

S. No.	Peneira IS (mm)	Peso Retido (gms)	Peso Retido (%)	Peso acumulado retido (%)	Passagem Percentagem
1	20	0	0	0	100
2	12.5	200	4	4	96
3	10	650	13	17	83
4	4.75	4150	83	100	0
5	2.36	0	0	100	0
6	1.18	0	0	100	0
7	600µ	0	0	100	0
8	300µ	0	0	100	0
9	150µ	0	0	100	0

A cinza de casca de arroz foi adquirida à Pashupati Rice and Geneal Mills, Sirsa. A consistência normal e o tempo de endurecimento inicial e final foram testados para a RHA. A cinza de casca de arroz foi testada relativamente a várias propriedades físicas de acordo com a especificação normalizada indiana IS: 6501966. Os valores da consistência normal e da gravidade específica foram observados como 18% e 2,40, respetivamente. Os vários resultados dos ensaios efectuados ao cimento são apresentados na Tabela 8.

Figura 2: Cinza de casca de arroz

Quadro 8: Propriedades físicas da RHA

S. Não.	Características	Valores de teste	De acordo com o código IS 650-1966
1	Consistência **normal (%)**	18	16-23
2	**Gravidade específica**	2.40	< 2.5
3	**Tempo de** regulação (minutos) Inicial Final	205 258	> 90 < 360

O polietileno **de resíduos domésticos** foi **utilizado** como fibra plástica. **O polietileno** plástico foi cortado **em** pequenos pedaços de **diferentes** comprimentos com **uma tesoura**.

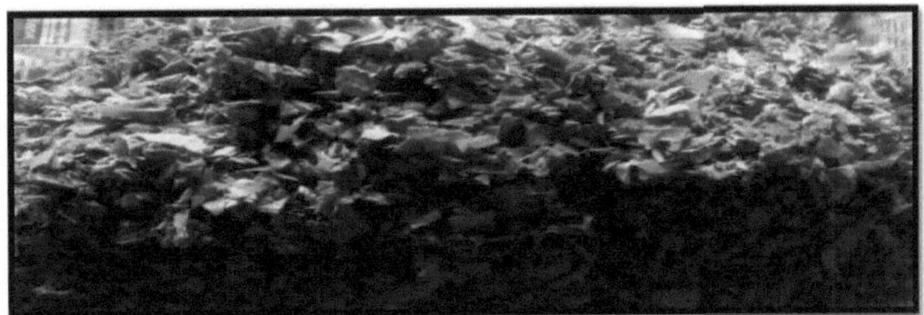

Figura 3: Fibras plásticas

3.4 Método de ensaio

O ensaio de abatimento **foi** realizado **em betão** fresco com várias **percentagens de RHA e fibras plásticas. Os espécimes** foram **testados após um período de cura de** 7 e 28 **dias. Os ensaios de resistência à compressão e de resistência à tração por compressão** foram realizados **numa máquina de** ensaios de **compressão (CTM) com capacidade de** 1000 **KN.**

Figura 4: Máquina de ensaio de compressão

3.4.1 Ensaio de abatimento

O ensaio de abatimento por cone foi utilizado para medir a **trabalhabilidade** do betão **fresco.** A trabalhabilidade significa **o grau** de facilidade **com** que **o betão** pode **ser** moldado nas **formas desejadas e pode** ser facilmente colocado e **compactado. O cone de** abatimento **foi** colocado **numa placa de** superfície sólida e foi preenchido com 3 camadas **iguais de betão fresco. Cada** camada **foi** compactada 25 vezes **com** uma **vareta** de compactação. **A** camada superior **foi nivelada** e o molde foi **levantado** verticalmente. **O abatimento da amostra de** betão foi **medido** como abatimento em **mm. Os resultados dos** ensaios **são apresentados** no quadro 9 e nas figuras 8 e **13.**

Figura 5: Ensaio de abatimento do betão fresco

3.4.2   Ensaio de resistência à compressão

A resistência à **compressão é a** capacidade **de um** material **ou** estrutura **para suportar** cargas que tendem a **reduzir o seu** tamanho. Pode **ser** medida dividindo a carga **aplicada pela** área do **provete.** É denotada **por** fck. **Após o período** de cura **necessário, os provetes em forma de** cubo foram retirados do **tanque** de **cura.** Os cubos dos provetes foram **ensaiados** de acordo com a norma IS: 516-1969. Dos 16 **cubos de betão**, 8 **cubos** foram **ensaiados** aos **7 dias e os restantes** foram **ensaiados** aos 28 dias, **como mostra** a figura 6. **Os** resultados dos **ensaios são** apresentados **nas** tabelas 10 **e** 11 e também são apresentados **por meio de gráficos nas** figuras 9, **10,** 14 e 15.

Figura 6: Ensaio de resistência à compressão no cubo
A resistência à **compressão** do cubo **é calculada** pela **fórmula**
Fck = **P/A**
Em que fck = **resistência à** compressão em **MPa**
P = carga **aplicada** no **cubo** em **N**
A = área **do cubo** em mm^2
3.4.3   Ensaio de resistência à tração por divisão

A resistência à **tração por** compressão do **betão pode** ser definida **como a capacidade do** betão

para **suportar a tensão longitudinal sem** rutura. **É designada** por **ft**. Os provetes cilíndricos foram

ensaiados de acordo com a norma IS: 5816-1959. Dos 16 **cubos** de betão, 8 **cubos** foram **ensaiados**

aos 7 **dias** e os restantes foram ensaiados aos **28 dias**, como mostra **a** figura 7. Os resultados dos

ensaios são apresentados **nos quadros** 12 **e 13** e são também apresentados através de **gráficos** nas

figuras 11, 12, 16 e 17.

Figura 7: Ensaio de resistência à tração por compressão no cilindro

A resistência à **tração por** rutura do provete cilíndrico **é calculada pela** fórmula ft = **2P/πDL** onde
ft = resistência **à** tração **por rutura do** cilindro em **MPa**
P = carga **aplicada** no cilindro, em **N**
D = diâmetro **do cilindro** em mm
L = **altura** do cilindro em mm

CAPÍTULO-4
RESULTADOS E DISCUSSÃO

4.1 GERAL

Os resultados obtidos após a realização das experiências são discutidos neste capítulo. As cinzas de casca de arroz e as fibras plásticas influenciam as propriedades do betão, como a trabalhabilidade, a resistência à compressão e a resistência à tração. A introdução de RHA e de fibras plásticas no betão ajuda a aumentar a resistência até um determinado valor. A adição adicional de RHA e de fibras plásticas reduz a resistência do betão. Os resultados relativos à trabalhabilidade do betão fresco, à resistência à compressão e à resistência à tração por compressão do betão endurecido estão representados abaixo:

4.2 TESTE DE QUEDA

O betão com diferentes proporções foi verificado quanto ao abatimento e verificou-se que o valor do abatimento do betão diminui com o aumento da percentagem de cinza de casca de arroz e de fibra plástica. A Tabela 9 mostra os resultados do abatimento do betão controlado e do betão misturado com fibras. As Figuras 8 e 13 mostram o comportamento do betão fresco em termos de abatimento em função da alteração da percentagem de cinza de casca de arroz (RHA) e de fibra plástica.

4.3 RESISTÊNCIA À COMPRESSÃO

A resistência à compressão das misturas de betão foi medida às idades de 7 e 28 dias e apresentada nos Quadros 10 e 11. Observou-se que a resistência máxima à compressão foi de 16,56 MPa aos 7 dias e de 25,67 MPa aos 28 dias quando se utilizou cinza de casca de arroz (RHA) e fibras de plástico a 10% e 2%, respetivamente. A adição adicional de RHA e de fibras plásticas levou à diminuição da resistência à compressão dos cubos. A resistência mínima à compressão foi de 13,67 MPa aos 7 dias e de 20,78 MPa aos 28 dias quando a cinza de casca de arroz (RHA) e as fibras de plástico foram utilizadas a 15% e 3%, respetivamente.

4.4 RESISTÊNCIA À TRACÇÃO POR RUPTURA

A resistência à tração por compressão das misturas de betão foi medida nas idades de 7 e 28 dias e apresentada nos Quadros 12 e 13. Observou-se que a resistência máxima à tração por compressão foi de

2.3 MPa aos 7 dias e 4,99 MPa aos 28 dias quando a cinza de casca de arroz (RHA) e as fibras de plástico foram utilizadas a 10% e 2%, respetivamente. A adição adicional de RHA e de fibras plásticas levou a uma diminuição da resistência à tração dos cilindros. A resistência mínima à tração foi de 1,88 MPa aos 7 dias e de 4,06 MPa aos 28 dias quando a cinza de casca de arroz (RHA) e as fibras de plástico foram utilizadas a 15% e 3%, respetivamente.

Tabela 9: Resultado do ensaio (Slump test (mm)) do betão de grau M20 com várias percentagens de RHA e fibras plásticas

S. Não.	Grau de betão	Deslizamento (mm)
1	M-20	93
2	Betão com 5% de RHA e 1% de fibras plásticas	86
3	Betão com 10% de RHA e 2% de fibras plásticas	78
4	Betão com 15% de RHA e 3% de fibras plásticas	61

Tabela 10: Resultado do ensaio (resistência à compressão (MPa)) do betão de grau M20 com várias percentagens de RHA e fibras plásticas aos 7 dias

S. Não.	Número da amostra	Substituído por RHA (%)	Substituída por fibras plásticas (%)	Resistência à compressão (MPa)	Média de compressão Resistência (MPa)
1	1	0	0	13.55	13.78
	2			14.00	
2	1	5	1	15.56	15.23
	2			14.89	
3	1	10	2	16.00	16.56
	2			17.11	
4	1	15	3	13.78	13.67
	2			13.55	

Tabela 11: Resultado do ensaio (resistência à compressão (MPa)) do betão de grau M20 com várias percentagens de RHA e fibras plásticas aos 28 dias

S. Não.	Amostra Não.	Substituído por RHA (%)	Substituída por fibras plásticas (%)	Resistência à compressão (MPa)	Média de compressão Força (MPa)
1	1	0	0	22.22	21
	2			19.78	
2	1	5	1	21.78	22.67
	2			23.56	
3	1	10	2	25.78	25.67
	2			25.56	
4	1	15	3	21.11	20.78
	2			20.44	

Tabela 12: Resultado do ensaio (resistência à tração por compressão (MPa)) do betão de grau M20 com várias percentagens de RHA e fibras plásticas aos 7 dias

S. Não.	Amostra Não.	Substituído por RHA (%)	Substituída por fibras plásticas (%)	Resistência à tração por rutura (MPa)	Média Resistência à tração por rutura (MPa)
1	1	0	0	1.70	1.91
	2			2.12	
2	1	5	1	1.98	2.09
	2			2.19	
3	1	10	2	2.47	2.4
	2			2.33	
4	1	15	3	1.77	1.88
	2			1.98	

Tabela 13: Resultado do ensaio (resistência à tração por compressão (MPa)) do betão de grau M20 com várias percentagens de RHA e fibras plásticas aos 28 dias

S. Não.	Amostra Não.	Substituído por RHA (%)	Substituída por fibras plásticas (%)	Resistência à tração por rutura (MPa)	Resistência média à tração por rutura (MPa)
1	1	0	0	4.24	4.14
	2			4.03	
2	1	5	1	4.24	4.42
	2			4.60	
3	1	10	2	4.88	4.99
	2			5.09	
4	1	15	3	4.31	4.06
	2			3.81	

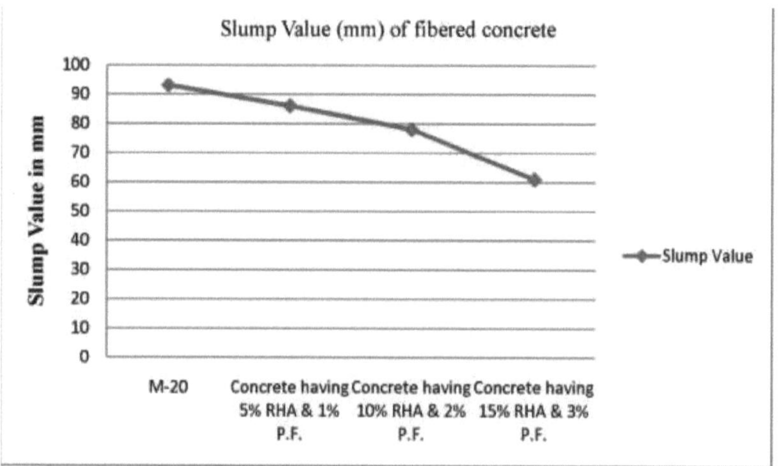

Figura 8: Valor do abatimento do betão com substituição parcial do cimento e do agregado grosso por RHA e fibras plásticas

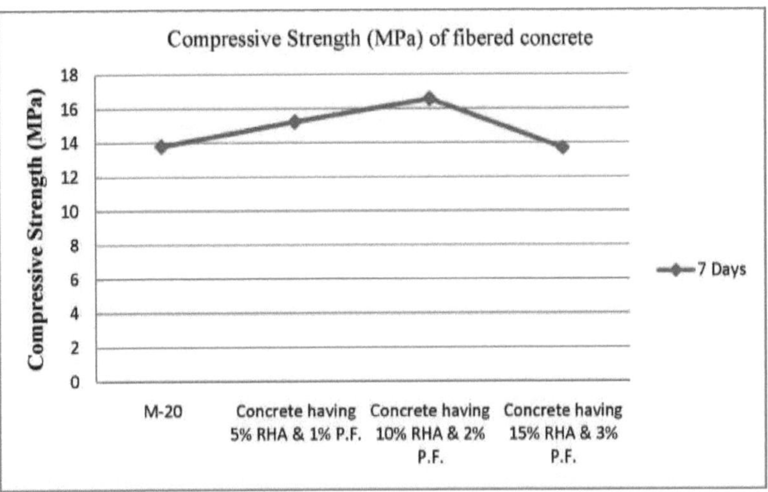

Figura 9: Resistência à compressão do betão com substituição parcial do cimento e do agregado grosso por RHA e fibras plásticas aos 7 dias

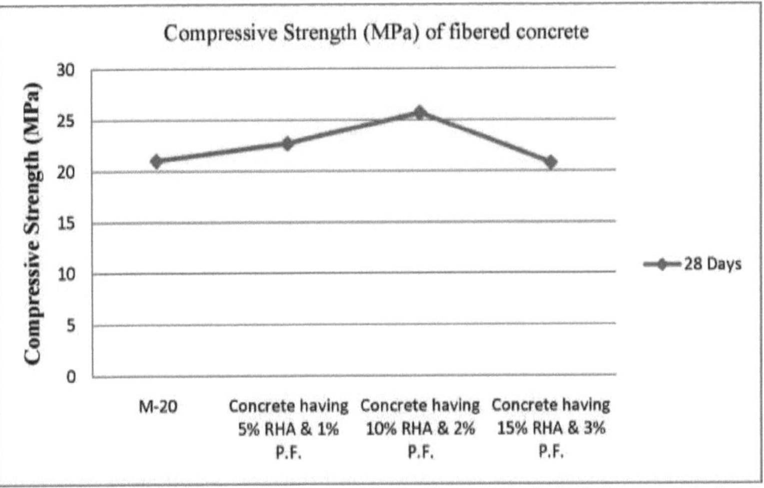

Figura 10: Resistência à compressão do betão com substituição parcial do cimento e do agregado grosso por RHA e fibras plásticas aos 28 dias

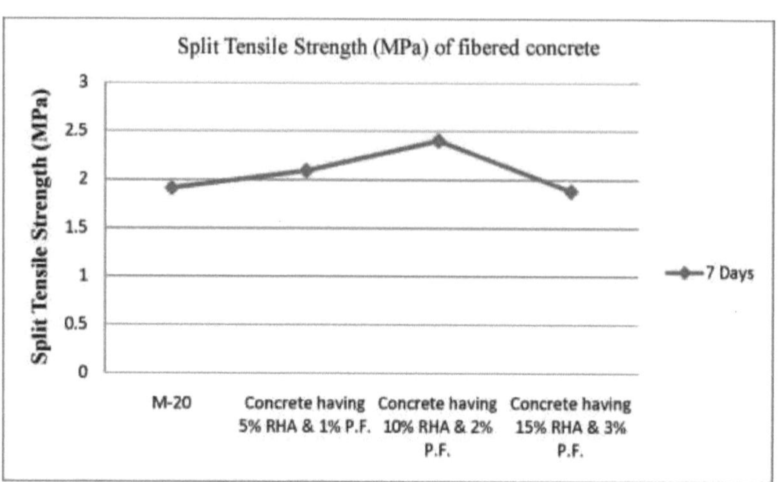

Figura 11: Resistência à tração por compressão do betão com substituição parcial do cimento e do agregado grosso por RHA e fibras plásticas aos 7 dias

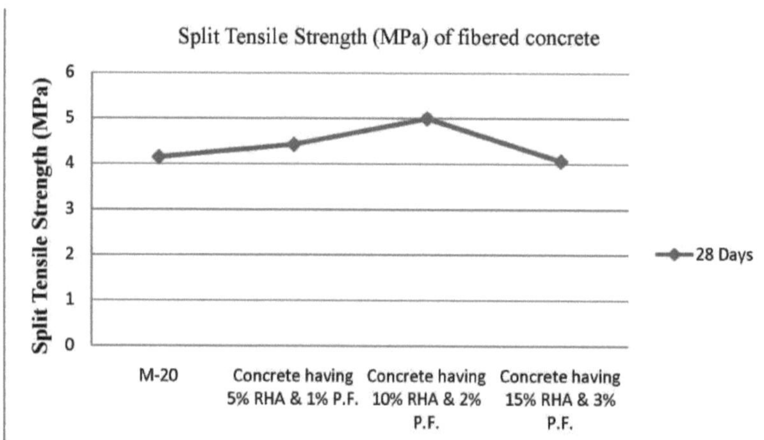

Figure 12:   Resistência à tração por compressão do betão com substituição parcial do cimento e do agregado grosso por RHA e fibras plásticas aos 28 dias

42

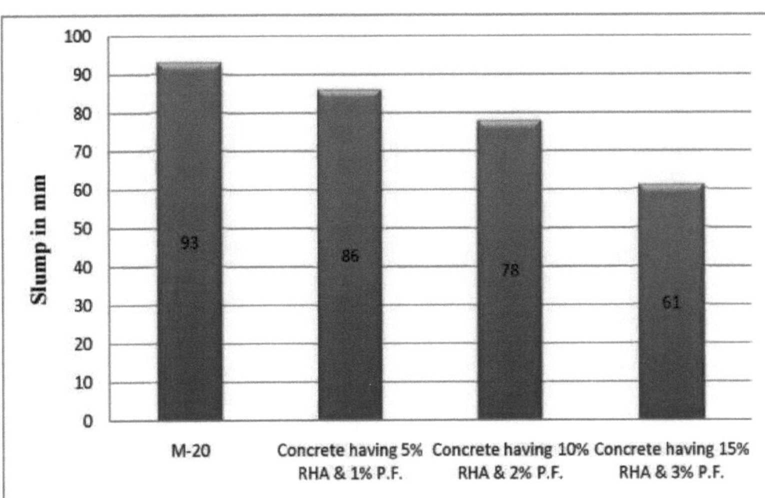

Figure 13: **Comparação do valor do abatimento do betão com substituição parcial do cimento e do agregado grosso por RHA e fibras plásticas**

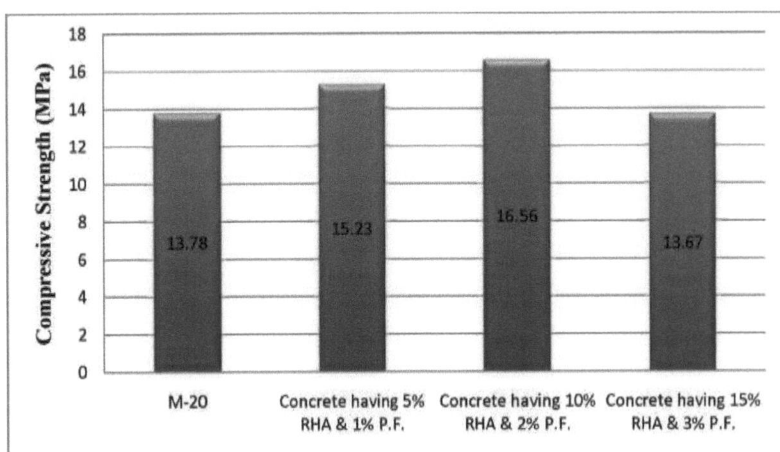

Figure 14: Comparação da resistência à compressão do betão com substituição parcial do cimento e do agregado grosso por RHA e fibras plásticas aos 7 dias

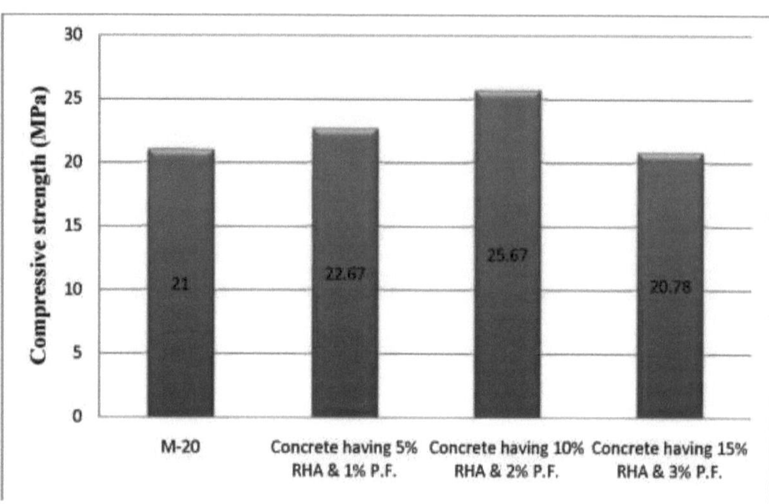

Figure 15: Comparação da resistência à compressão do betão com substituição parcial do cimento e do agregado grosso por RHA e fibras plásticas aos 28 dias

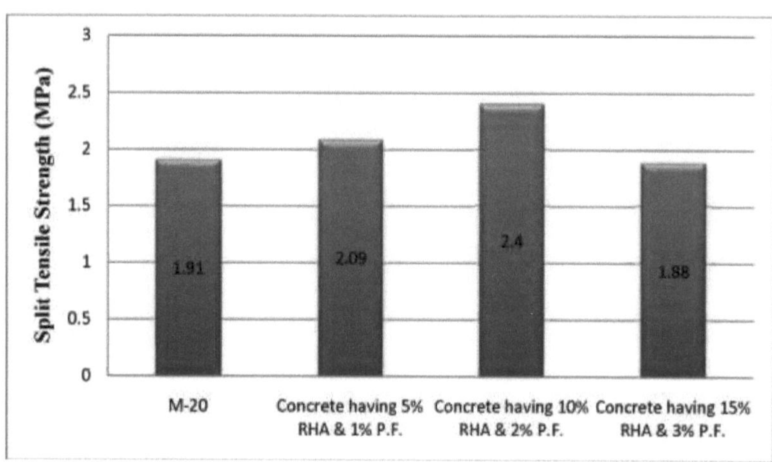

Figure 16: Comparação da resistência à tração por compressão do betão com substituição parcial do cimento e do agregado grosso por RHA e fibras plásticas aos 7 dias

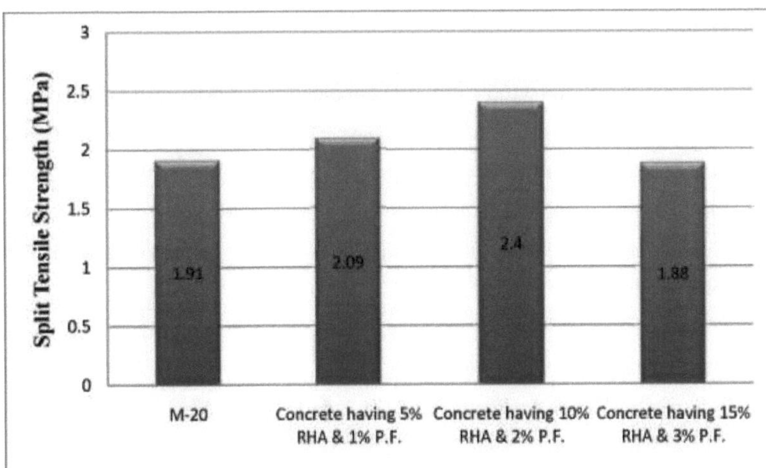

Figure 17: Comparação da resistência à tração por compressão do betão com substituição parcial do cimento e do agregado grosso por RHA e fibras plásticas aos 28 dias.

CAPÍTULO- 5
CONCLUSÃO

Na presente investigação, foi proposto e realizado um estudo experimental para mostrar o efeito da cinza de casca de arroz (RHA) e das fibras plásticas no betão. Com base nos resultados experimentais de diferentes amostras de betão com diferentes proporções de cinza de casca de arroz (RHA) e de fibras plásticas, são feitas as seguintes conclusões

Verificou-se que a trabalhabilidade do betão diminui com o aumento da percentagem de RHA e de resíduos de plástico no betão.

II   Observou-se que o betão controlado tem o valor de abatimento mais elevado em comparação com outras proporções de betão.

III   A substituição de 5% e 10% de RHA e de 1% e 2% de fibras plásticas mostra um aumento da resistência à compressão dos cubos de betão aos 7 dias, bem como aos 28 dias.

IV   A substituição de 5% e 10% de RHA e de 1% e 2% de fibras plásticas mostra um aumento da resistência à tração por compressão dos cilindros de betão aos 7 dias, bem como aos 28 dias.

V   A substituição de 15% de RHA e 3% de fibras plásticas mostra uma diminuição da resistência à compressão dos cubos de betão aos 7 dias, bem como aos 28 dias.

VI   A substituição de 15% de RHA e 3% de fibras plásticas mostra uma diminuição da resistência à tração por compressão dos cubos de betão aos 7 dias e aos 28 dias.

VII   Observou-se que o betão com RHA e fibra plástica não apresenta uma falha súbita.

VIII   A utilização de RHA e de resíduos de plástico como fibra no betão pode ajudar a proteger o nosso ambiente. Isto ajudará a eliminar o problema da eliminação de resíduos.

REFERÊNCIAS

1)   Nithyambigai. G (2015), "Effect of Rice Husk Ash in Concrete as Cement and Fine Aggregate", International Journal of Engineering Research & Technology (IJERT), ISSN: 2278-0181, Vol. 4 Issue 05.

2)   Pramod Sambhaji Pati. (2015), "Behavior of Concrete which is Partially Replaced with Waste Plastic", International Journal of Innovative Technology and Exploring Engineering, (IJITEE) ISSN: 2278-3075, Volume-4 Issue-11.

3)   Naveen, Sumit Bansal e Yogender Antil. (2015), "Efeito da casca de arroz na resistência à compressão do betão", International Journal on Emerging Technologies 6(1): 144-150(2015) ISSN No. (Print): 0975-8364 ISSN No. (Online) : 2249-3255.

4)   Rahul Bansal, Varinder Singh, Ravi Kant Pareek. (2015), "Effect on Compressive Strength with Partial Replacement of Fly Ash" [Efeito na resistência à compressão com substituição parcial de cinzas volantes], International Journal on Emerging Technologies 6(1), pp 31-39.

5)   Nishant Kad & M.Vinod. (2015), "Review Research Paper on Influence of Rice Husk Ash on the Properties of Concrete", International Journal of Research (IJR) e- ISSN: 2348-6848, p- ISSN: 2348-795X Volume 2, Issue 05.

6)   Sr. Amitkumar I. Gupta , Dr. Abhay S. Wayal. (2015), "Utilização de cinzas de casca de arroz em betão: A Review", IOSR Journal of Mechanical and Civil Engineering (IOSR- JMCE), e-ISSN: 2278-1684,p-ISSN: 2320-334X, Volume 12, Issue 4 Ver. I, PP 2931.

7)   Khilesh Sarwe. (2014), "Estudo da propriedade de resistência do concreto usando resíduos de plásticos e fibra de aço", Revista Internacional de Engenharia e Ciência (IJES). Volume-3, issue- 5, PP- 09-11, ISSN (e) 2319-1813 ISSN (p): 2319-1805.

8)   Dr. Shubha Khatri. (2014), "Impact of Admixture and Rice Husk Ash in Concrete Mix Design", IOSR Journal of Mechanical and Civil engineering,S E-ISSN: 2278- 1684,P-ISSN: 2320-334X, volume-11, Issue-1. PP. 13-17.

9)   Makarand Suresh Kulkarni, Paresh Govind Mirgal, Prajyot Prakash Bodhale, S.N. Tande. (2014), "Effect of Rice Husk Ash on Properties of Concrete", Journal of Civil Engineering and Environment Technology, ISSN: 2349-8404, Volume-1, número-1, pp- 26-29.

10)   J. Simson Jose & Mr. M. Balasubramanian. (2014), "Experimental Investigation on Characteristics of Polythene Waste Incorporated Concrete", International Journal of Engineering Trends and Technology (IJETT) - Volume 10 Número 7.

11)   Ha Thanh Le, Sang Thanh Nguyen, e Horst-Michael Ludwig. (2014), "A Study on High Performance Fine-Grained Concrete Containing Rice Husk Ash" (Estudo sobre betão de grão fino de elevado desempenho contendo cinza de casca de arroz), International Journal of Concrete Structures

and Materials, Vol.8, No.4, pp.301 -307.

12)   M. L. Anoop Kumar , Dr. I. V. Ramana Reddy & Dr. C. Sasidhar. (2014), "Experimental Investigations on The Flexural Strength of PET Reinforced Concrete", International Journal of Emerging Technology and Advanced Engineering ISSN 2250-2459, ISO 9001:2008 Certified Journal, Volume 4, Issue 2.

13)   Ananya Sheth , Anirudh Goel & B.H.Venkatram Pai. (2014), "Properties of Concrete on Replacement of Coarse Aggregate and Cementitious Materials with Styfoam And Rice Husk Ash Respectively", American Journal of Engineering Research (AJER) e- ISSN : 2320-0847 p-ISSN : 2320-0936 Volume-03, Issue-01, pp-268-271.

14)   Ankit Kumar, Vikas Srivastava e Rakesh Kumar. (2014), "Effect of Waste Polythene on Compressive Strength of Concrete", Journal of Academia and Industrial Research (JAIR) ISSN: 2278-5213 Volume 3, Issue 3.

15)   E. Aruna Kanthi , N. Venkata Ramana & C. Sashidhar. (2014), "Resistência ao rolamento de polietileno tereftalato (pet) Fibra Reforçada Reciclar Agregado Concreto", Revista Internacional de Tecnologia Avançada em Engenharia e Ciência Volume No.02, Edição Especial No. 01, ISSN (online): 2348 - 7550.

16)   S.Ramesh & S.Kavitha, (2014), "Estudo Experimental sobre o Comportamento do Betão de Cimento com Cinza de Casca de Arroz (RHA)", Revista Internacional de Engenharia e Ciências Aplicadas, ISSN2305-8269, Vol. 6. No. 02.

17)   Obilade (2014), "Use of Rice Husk ash as Partial Replacement for Cement in Concrete", International Journal of Engineering and Applied Sciences, ISSN2305- 8269, Vol. 5. No. 04.

18)   P.Padma Rao, A.Pradhan Kumar & B.Bhaskar Singh. (2014), "A Study on Use of Rice Husk Ash in Concrete", IJEAR Vol. 4, Issue Spl-2, ISSN: 2348-0033 (Online) ISSN: 2249-4944 (Print).

19)   Chirag Garg e Aakash Jain. (2014), "Green Concrete: Efficient and Eco-freiendly Construction Materials", International Journal of Research in Engineering and Technology. ISSN(E): 2321-8843, ISSN(P): 2347-4599. VOL.-2, Issue-2, pp 259264.

20)   R.N. Nibudey, Dr. P.B. Nagarnaik, Dr. D.K. Parbat, Dr. A.M. Pande. (2013), "Strengths prediction of plastic fiber reinforced concrete (M30). Revista internacional de investigação e aplicações de engenharia", Volume-3, número 1, ISSN: 2248-9622.

21)   Zalak shah, Prof. D.J. Dhyani. (2013), "Estudo experimental sobre a resistência do betão através da utilização de fibras de aço onduladas com cinza de casca de arroz", Indian Journal of Apllied Research, Volume:3 issue:5 ISSN-2249-555X.

22)   Mohd. Irwan Juki et al. (2013), "Development of Concrete Mix Design Nomograph

containing Polyethylene Terephtalate (PET) as Fine Aggregate", Advance Materials Research, vol. 701, pp- 12-16.

23)   Jayanti Rajput, R.K. Yadav, R.Chandak. (2013), "Effect of Rice Husk Ash as Supplementary Cementing Material on Strength of Mortar", International Journal of Engineering Research & Applications (IJERA), ISSN: 2247-9622, Vol. 3, Issue 3, pp. 133-136.

24)   Ankur Bhogayata, K. D. Shah & Dr. N. K. Arora. (2013), "Propriedades de resistência do betão contendo resíduos plásticos metalizados pós-consumo", Jornal Internacional de Pesquisa e Tecnologia de Engenharia (IJERT) Vol. 2 Issue 3,ISSN: 2278-0181.

25)   A. Muthadhi e S. Kothandaraman. (2013) "Experimental Investigations of Performance Characteristics of Rice Husk Ash-Blended Concrete" ASCE Journal of Materials in Civil Engineering, Vol. 25, No. 8.

26)   Nabi Yuzer, Zekiye Cinar, Fevziye Akoz, Hasan Biricik, Yelda Yalcin Gurkan, Nihat Kabay e Ahmet B. Kizilkanat. (2013) "Influência da adição de casca de arroz crua na estrutura e propriedades do concreto" Journal of Construction and Building Materials44, Pg no. 54-62.

27)   Akogu Elijah Abalaka & Obumneme Godwin Okoli. (2013), "Strength Development and Durability Properties of Concrete Containing Pre-Soaked Rice Husk Ash", Construction Science10.2478/cons-2013-0001.

28)   A.A. Godwin, E.E. Maurice, Akobo, I.Z.S e O.U. Joseph. (2013), "Propriedades Estruturais do Betão de Cinzas de Casca de Arroz", Revista Internacional de Engenharia e Ciências Aplicadas, Volume-3. PP. 57-62.

29)   Bhogayata, K.D. Shah, B.A. Vyas, N.K. Arora. (2012), "Feasibility of Waste Metallised Polythene used as Concrete Constituent", International Journal of Engineering and Advance technology (IJEAT), Volume-1, ISSN: 2249-8958.

30)   M.R. Karim, M.F.M. Zain, M. Jamil, F.C. Lai e M.N. Islam. (2012), "Strength of Mortar and Concrete as Influenced by Rice Husk Ash: A Review", World Applied Science Journal 19(10): 1501-1513, ISSN 1818-4952.

31)   A. Bhogayata, K. D. Shah, B. A.Vyas, Dr. N. K. Arora. (2012), "Performance of Concrete by using Non Recyclable Plastic Wastes as Concrete Constituent", International Journal of Engineering Research & Technology (IJERT) Vol. 1 Issue 4, June - 2012 ISSN: 2278-0181.

32)   S.D. Nagrale, H. Hemant e R.M. Panky (2012), "Utilization of Rice Husk Ash", International Journal of Engineering Research and Applications (IJERA),Volume-2, pp: 1-5.

33)   K. Ramadevi e R. Manju (2012), "Experimental Investigation on the Properties of Concrete with Plastic PET (Bottle) Fibers as Fine Aggregates", International Journal of Engineering

Technology and Advanced Engineering, ISSN- 2250-2451, Volume- 2, issue-6.

34)   R.S. Deotate, S.H. Sathawane, A.R. Narde. (2012), "Efeito da substituição parcial de cimento por cinzas volantes, cinzas de casca de arroz com o uso de fibra de aço em concreto. Revista Internacional de Investigação Científica e de Engenharia, volume-3, número-6, ISSN 2229-5518.

35)   Madan Mohan Reddy .K , Ajitha .B e Bhavani .R. (2012), "Melt-Densified Post Consumer Recycled Plastic Bags Used As Light Weight Aggregate In Concrete", International Journal of Engineering Research and Applications (IJERA) ISSN: 2248-9622 Vol. 2, Issue4, pp.1097-1101.

36)Kartini. K. (2011), "Rice Husk Ash - Pozzolanic Material for Sustainability", International Journal of Applied Science and Technology, Vol. 1, No. 6.

37)   R. Kandasamy e R. murugesan. (2011), "Betão reforçado com fibras utilizando resíduos plásticos domésticos como fibras. ARPN Journal of Engineering and Applied Sciences. Vol-6, ISSN 1819-6608.

38)   Hwang Chao-Lung, Bui Le Anh-Tuan e Chen Chun-Tsun. (2011), "Effect Of Rice Husk Ash On The Strength And Durability Characteristics Of Concrete" Journal of Construction and Building Materials 25, Pg no. 3768-3772.

39)   Abhilash Shukla, C K Singh & Arbind Kumar Sharma. (2011), "Study of the Properties of Concrete by Partial Replacement of Ordinary Portland Cement by Rice Husk Ash", International Journal of Earth Sciences and Engineering ISSN 09745904, Volume 04, No 06 SPL, October 2011, pp. 965-968 #020410450.

40)   Bandodkar.L.R., Gaonkar.A.A, Gaonkar N. D., Gauns Y. P., Aldonkar S. S., Savoikar P. P. (2011), "Pulverised PET Bottles as Partial Replacement for Sand", International Journal of Earth Sciences and Engineering, Volume 04, No.06 SPL, pp. 1009-1012

41)   R. Lakshmi, S. Nagan. (2011), "Utilização de Resíduos de Partículas de Plástico E em Misturas Cimentícias". Jornal de Engenharia Estrutural. Vol. 38, no. 1, pp. 26-35.

42)   Luiz A. Pereira de Oliveira & Joao P. Castro-Gomes. (2010), "Comportamento Físico e Mecânico de Argamassa Reforçada com Fibras de PET Reciclado", Construção e Materiais de Construção 25 (2011) 1712-1717.

43)   Ghassan Abood Habeeb & Hilmi Bin Mahmud. (2010), "Study on Properties of Rice Husk Ash and Its Use as Cement Replacement Material", Materials Research. 2010; 13(2): 185-190

44)   Kim SB, Yi NH, Kim HY, Kim JHJ, Song Y-C. (2010), "Material and Structural Performance Evaluation of Recycled PET Fiber Reinforced Concrete", Cement & Concrete Composites; 32:232-40.

45)   M.U. Dabai, C.Muhammad, B.U. Bagudo e A. Musa. (2009), "Studied on the Effect of Rice

Husk Ash as Cement Admixture", Nigerian Journal of Basic and Applied Science, ISSN-0794-5698, 17(2).

46)   Ochi T, Okubo S, Fukui K. (2007), "Development of Recycled PET Fiber and its Application as Concrete-Reinforcing Fiber, Cement & Concrete Composites 35; 29:448-55.

47)   Choi Y-W, Moon D-J, Chung J-S, Cho S-K. (2005), "Effects of Waste PET Bottles Aggregate on the Properties of Concrete", Cement Concrete Research 2005; 35(4):776-81.

48)   Q. Feng, H. Yamamichi, M. Shoya, S. Sugita. (2004), "Study on the Pozzolanic Properties of Rice Husk Ash by Hydrochloric Acid Pretreatment," Cement and Concrete Research, vol.34 (3), pp.521-526.

49)   J Jauberthie R, Rendell F, Tamba S, Cisse IK.(2003), "Properties of Cement-Rice Husk Mixture", Construction Building Material; 17:239-3.

50)   M. Nehdi, J. Duquette, A. El Damatty (2003), "Performance of Rice Husk Ash produced using a New Technology as a Mineral Admixture in Concrete", Cement and Concrete Research, vol. 33(8), pp.1203-1210.

51)   F.M. Lea, "The Chemistry of Cement and Concrete", (St. Martin's Press, Nova Iorque, 1956), Capítulo 1.

52)   Pramod S. Patil , J.R.Mali , Ganesh V.Tapkire &, H. R. Kumavat, "Innovative Techniques of Waste Plastic used in Concrete Mixture", IJRET: International Journal of Research in Engineering and Technology eISSN: 2319-1163, pISSN: 2321-7308.

53)   Pravin V Domke, Sandesh D Dishmukh, Satish D kene e R.S. Deatale, Study of Various Characteristics of Concrete with Rice Husk Ash as a Partial Replacement of Cement with Natural Fibers (COIR). Revista Internacional de Investigação em Engenharia e Aplicações. ISSN: 2248-9622, Volume-1, Issue-3, pp: 554-562.

54)   Raghatate Atul M., "Use of Plastic in a Concrete to Improve its Properties", International Journal of Advanced Engineering Research and Studies, E-ISSN 22498974.

55)   IS 383:1970 - Specification for Coarse and Fine aggregates from Natural Sources for Concrete, Bureau of Indian Standards, New Delhi, India.

56)   IS 456:2000 - Indian Standard Code of Practice for Plain and Reinforced Concrete, Bureau of Indian Standards, Nova Deli, Índia.

57)   IS 516:1959 - Method of Test for Strength of Concrete, Bureau of Indian Standards, Nova Deli, Índia.

58)   IS 650:1991 - Specification for Standard Sand for Testing of Cement, Bureau of Indian Standards, Nova Deli, Índia.

59)   IS 1199:1959 - Methods of Sampling and Analysis of Concrete, Bureau of Indian Standards, Nova Deli, Índia.

60)   IS 2386(Part 1):1963 - Methods of Test for Aggregates for Concrete: Part 1 Particle Size and Shape, Bureau of Indian Standards, New Delhi, India.

61)   IS 2386(Part 3):1963 - Methods of Test for Aggregates for Concrete: Parte 3 Specific Gravity, Density, Voids, Absorption and Bulking, Bureau of Indian Standards, New Delhi, India.

62)   IS 2386(Part 5):1963 - Methods of Test for Aggregates for Concrete : Part 5 Soundness, Bureau of Indian Standards, New Delhi, India.

63)   IS 4031(Parte 1):1996 - Métodos de Ensaios Físicos para Cimento Hidráulico: Parte 1 Determinação da finura por peneiração a seco, Bureau of Indian Standards, Nova Deli, Índia.

64)   IS 4031(Parte 3):1988 - Métodos de Ensaios Físicos para Cimento Hidráulico: Parte 3 Determinação da solidez, Bureau of Indian Standards, Nova Deli, Índia.

65)   IS 4031(Parte 4):1988 - Métodos de Ensaios Físicos para Cimento Hidráulico: Parte 4 Determinação da consistência da pasta de cimento padrão, Bureau of Indian Standards, Nova Deli, Índia.

66)   IS 4031(Parte 5):1988 - Métodos de Ensaios Físicos para Cimento Hidráulico: Parte 5 Determinação dos tempos de presa inicial e final, Bureau of Indian Standards, Nova Deli, Índia.

67)   IS 5816:1999 Method of Test for Splitting Tensile Strength of Concrete, Bureau of Indian Standards, Nova Deli, Índia.

68)   IS 7320:1974 - Specification for Concrete Slump Test Apparatus, Bureau of Indian Standards, New Delhi, India.

69)   IS 8112:1989 - Specification for 43 Grade Ordinary Portland Cement, Bureau of Indian Standards, New Delhi, India.

70)   IS 9013:1978 - Method of Making, Curing and Determining Compressive Strength of Accelerated Cured Concrete Test Specimens, Bureau of Indian Standards, New Delhi, India.

71)   IS 9103:1999 - Specification for Admixtures for Concrete, Bureau of Indian Standards, New Delhi, India.

72)   IS 10262:2009 - Guidelines for Concrete Mix Proportioning, Bureau of Indian Standards, Nova Deli, Índia.

Printed by Books on Demand GmbH, Norderstedt / Germany